KB275747

군침이 꼴깍
맛집 과학

떡볶이부터 콩 고기까지,
세상 모든 음식의 과학

정윤선 지음

군침이 꼴깍 맛집 과학

곰곰

한 끼 식사가 지식이 되는
맛집 속 과학 이야기

'오늘 뭐 먹지?' 사람들이 가장 자주 하는 고민일 거예요. 점심을 먹고 식당을 나오면서도 '그런데 오늘 저녁에는 뭐 먹을까?' 묻곤 하니까요. 메뉴는 매일 달라지더라도 결국 답은 하나예요. '맛있는 것'으로 말이지요.

매일 하는 메뉴 고민 말고도 현대인의 미식 사랑은 여기저기에서 보입니다. 방송에 요리사가 나와 화려한 요리 솜씨를 뽐내고, 맛집에서 주문한 음식을 먹으며 맛을 평가하는 모습이 자주 보여요. SNS에서도 맛집 추천이 끊이지 않고, 지도 앱을 열면 근처 맛집이 별 모양으로 표시되어 떠올라요. 맛집도, 맛있는 음식도 넘치는 시대. 한두 시간 줄 서기를 감수하면서까지 사람들은 맛집을 찾아갑니다.

이런 현상을 두고 어떤 학자는 지친 현대인이 맛있는 음식에서 위안을 얻기 위해서라고 하고, 어떤 사람은 각자의 취향과 감각을 드러내기 위한 행동이라고도 해요. 또는 그냥 맛있게 먹고 행복하면 되는 일이지, 굳이 분석할 필요가 있냐고 말하기도 하지요. 이유가 무엇이든 우리는 배를 채우기 위한 음식을 넘어서 맛이 하나의 문화가 된 '맛의 시대'에 살고 있어요. 그리고 그 뒤에는 과학이 있답니다.

맛은 음식을 먹을 때 느끼는 감각이에요. 미각이라고도 하지요. 인류가 오랜 시간 맛에 대한 감각을 발전시킨 것은 생존과 관련된 문제였답니다. 혀에서 느끼는 단맛, 짠맛, 신맛, 쓴맛, 감칠맛의 다섯 가지 맛이 인체에 미치는 영향을 살펴보면 알 수 있어요.

단맛은 포도당, 몸에 꼭 필요한 에너지원에서 나오는 맛이에요. 짠맛은 우리 몸의 생리작용을 조절하는 데 없어서는 안 될 중요한 소금의 맛이지요. 가장 늦게 찾아낸 감칠맛은 단백질이 분해된 글루탐산의 맛으로, 글루탐산은 인체를 구성하는 중요한 성분이랍니다. 반면에 부패한 음식에서는 시큼한 맛이 나고, 독이 든 식물에서는 쓴맛이 나요. 신맛과 쓴맛을 싫어하는 것은 몸에 좋지 않은 풀이나 열매를 피하기 위한 보호 작용이지요. 이처럼 인류는 꼭 필요한 성분과 해로운 성분을 맛으로 구분하도록 미각을 발달시켜 생존에 유리하게 진화해 왔습니다.

그런데 맛의 과학은 단순한 미각의 차원에서만 머무르지 않아요. 인류는 고기를 안전하게 먹기 위해 불을 피우기도 했고, 재료의 쓴맛을 제거하기 날카로운 도구를 사용하기 시작했거든요. 또 좀 더 정교하고 풍부한 미식을 즐기고 재료를 오래 보관하기 위해 다양한 향신료를 공수하기도 했지요. 고대 문명부터 오늘날까지 우리가 꽃피운 화려한 미식 문화에는 '어떤 재료로, 어떻게 맛있게 요리할지', 그리고 '어떻게 먹을지'에 대한 고민이 있었습니다. 즉 재료를 생산·보관하고, 조리하고, 식사하는 전 과정에 과학기술과 도구의 발전이 함께했다는 말이지요. 바로 이 점에서 맛은 과학과 긴밀한 관계에 있습니다.

지금부터 미식을 즐기는 과학자의 시선으로 떡볶이부터 콩고기까지 다양한 맛집 메뉴에 담긴 과학 이야기를 탐방하겠습니다. 언제 먹어도 맛있는 떡볶이, 삼겹살, 짜장면과 햄버거, 그리고 조금 더 특별한 날을 위한 초밥, 스파게티, 채식 불고기, 똠양꿍과 케밥, 간단히 먹을 수 있는 오징어와 마카롱, 지상 최고(最高)의 식당에서 먹는 기내식과 편안히 집에서 배달받아 먹는 치킨까지, 다양한 맛집 메뉴를 둘러볼 거예요. 그리고 과학이 요리에 스며들어 어떤 맛을 내고 어떤 미식 문화를 만들어 냈는지 함께 이야기해 봅시다.

떡볶이 떡에 담긴 쫄깃한 식감의 원리부터 구수하고 시큼한 감칠맛을 더하는 묵은지의 발효 과정, 콩으로 고기의 맛을 재현하는 푸드 테크의 세계뿐만 아니라 기후변화와 휴게소 간식의 상관관계, 치킨 포장 상자에 담긴 배달의 과학까지 만날 수 있어요. 이 이야기들을 차근차근 따라가다 보면 화학, 생물, 물리 등 맛에 관한 과학뿐 아니라 음식이 사회, 문화에 미치는 영향까지 두루 살펴볼 수 있을 거예요.

그럼, 준비되셨나요? 과학이 숨어 있는 맛집으로 여러분을 초대합니다. 읽다 보면 군침이 꼴깍 넘어갈 수도 있으니 간단히 간식을 준비해도 좋을 거예요.

차례

머리말 · 한 끼 식사가 지식이 되는 맛집 속 과학 이야기 4

1 맛나 분식
쌀떡 vs 밀떡,
과학으로 분석한 떡볶이 대전
10

2 묵은지 생삼겹살
3년이나 묵힌 김치를 먹어도 될까?
26

3 니하오 중식
원헤이 불 맛의 정체는?
40

4 신선 일식
초밥을 가장 맛있게 먹는 방법
54

5 오 이태리
완벽한 식감,
비밀은 면발에 있다!
68

6 어메이징 타이
만능 향신료 가득, 그린 커리
84

7 든든 버거
세트로 먹을까,
단품으로 먹을까?
100

8 초록 식당
콩으로 만든 고기에서도 고기 맛이 날까?
116

9 살람 키친
지구를 위해 콩을 돌려 심자
130

10 스위츠 카페
초임계유체를 만난
디카페인
아메리카노
144

11 친미 휴게소
기후변화가 맥반석 오징어에
미치는 영향
160

12 최고 기내식
쌈밥부터 당뇨식까지,
하늘 위의 만찬
174

13 파삭 치킨
식기 전에 배달 완료!
188

이미지 출처 203

1 맛나 분식
쌀떡 vs 밀떡, 과학으로 분석한 떡볶이 대전

　매콤달콤 쫄깃한 떡볶이! 학교 끝나고 출출할 때, 기분이 울적할 때, 스트레스를 받아 화가 날 때 먹고 싶은 최고의 메뉴예요. 학교 앞 분식집에서 만나는 떡볶이가 전부이던 시절부터 온갖 종류의 먹을거리가 넘치는 지금까지 떡볶이는 변함없이 인기랍니다. 그래서 지역마다, 동네마다 떡볶이 맛집을 쉽게 찾을 수 있지요.

　떡볶이는 가래떡에 갖은양념을 넣어 조리한 음식이에요. 떡을 볶은 요리에 대한 기록은 여러 곳에 남아 있어요. 1896년에 펴낸 조리서 《규곤요람》에 한글로 '썩복기', 한자로 '병자(餠炙)'라 쓰인 것을 보면 오래전부터 지금처럼 '떡볶이'라고 불렀다는 것을 알 수 있답니다.

　조선시대에는 궁중과 사대부에서 떡볶이를 먹기 시작했어요. 처음에는 떡을 고급 재료인 전복, 해삼, 소고기, 돼지고기와 간장 양념으로 조리했지만 점차 고추장 떡볶이를 만들었지요. 요즘에는 짜장 떡볶이, 카레 떡볶이, 크림 떡볶이 등 다양한 맛의 떡볶이를 즐길 수 있어요. 그래도 뭐니 뭐니 해도 떡볶이의 기본은 고추장이지 않을까요. 오늘은 고추장 떡볶이로 출출함을 달래볼게요.

떡볶이를 주문하기 전에 가장 먼저 해야 할 일이 있어요. 바로 쌀떡으로 먹을지, 밀떡으로 먹을지 정하는 거예요. 쌀떡과 밀떡 떡볶이는 떡볶이 계의 양대 산맥이지요. 그래서 떡볶이를 좋아하는 사람들은 쌀떡파와 밀떡파로 나뉘어 그 맛을 놓고 논쟁을 벌이기도 합니다. 물론 맛에서 절대적인 호와 절대적인 불호는 없어요. 각자의 취향에 따를 뿐이란 것, 알고 있지요?

떡집에서 파는 떡은 주로 쌀로 만들어요. 쌀가루를 물과 함께 찐 다음 반죽해 모양을 빚지요. 떡볶이의 떡도 마찬가지랍니다. 조선시대부터 오랜 기간 쌀떡으로 만든 떡볶이를 먹어 왔어요. 쌀떡의 강력한 대항자 밀떡은 1950년대 말 고추장 떡볶이가 서민 음식으로 떠오르면서 등장했습니다.

사실 고추장 떡볶이의 유래는 정확하지 않아요. 요리사 마복림이 실수로 짜장에 떡을 떨어뜨렸던 것에서 유래했다는 이야기와 한국전쟁 직후 일명 '떡볶이 할머니'가 고추장과 가래떡을 기름에 볶아 만든 음식에서 출발했다는 이야기 등이 전해질 뿐이지요.

고추장 떡볶이는 1950년대 미국이 밀(밀가루)을 원조하고, 1960년대 혼분식장려운동이 시행되면서 대중적인 음식으로 자

리를 잡아 갔어요. 밀이 저렴한 가격으로 공급되면서 쌀떡 대신 밀로 떡을 만들었지요. 한때 불량 식품이라는 오명을 쓰기도 했지만, 1970년대 신당동 떡볶이 골목이 인기를 끌면서 고추장 떡볶이가 대중의 입맛에 각인됩니다.

이제 쌀떡과 밀떡의 차이를 알아볼까요? 쌀의 주성분은 녹말이에요. 녹말은 포도당의 결합 형태에 따라 아밀로오스와 아밀로펙틴 성분으로 구분돼요. 아밀로오스는 포도당 분자가 일정하고 길게 사슬 모양으로 결합해 있지만, 아밀로펙틴은 포도당 분자가 25개마다 가지를 뻗는 형태로 느슨하게 결합해 상대적으로 분해되기 쉬운 구조입니다. 이처럼 느슨한 구조를 가진 아밀로펙틴은 아밀로오스보다 차지고 소화가 잘돼요. 쌀떡으로 만든 떡볶이가 왜 말랑하고 먹은 후에 속도 편한지 이제 알겠지요?

이에 반해 1970년대 혼분식장려정책 이후 보급된 밀떡은 쌀떡보다 찰기가 적어요. 밀 역시 녹말이 주성분이긴 하지만, 아밀로펙틴보다 아밀로오스가 많이 함유되어 있기 때문이에요. 대신 밀떡에는 쌀떡에 거의 없는, 글루텐을 이루는 단백질 성분이 많아요. 글루텐은 점탄성이 있어 쫄깃한 식감과 더불어 그물 구조로 되어 있어 양념이 속까지 잘 스며들게 하지요. 따라서 밀떡으로 만든 떡볶이는 쫄깃쫄깃하고 양념이 잘 배어 있어요.

여러분의 떡 취향은 무엇인가요? 쌀떡, 밀떡 모두 각각의 매

찰지고
소화도 잘되는
쌀떡!! 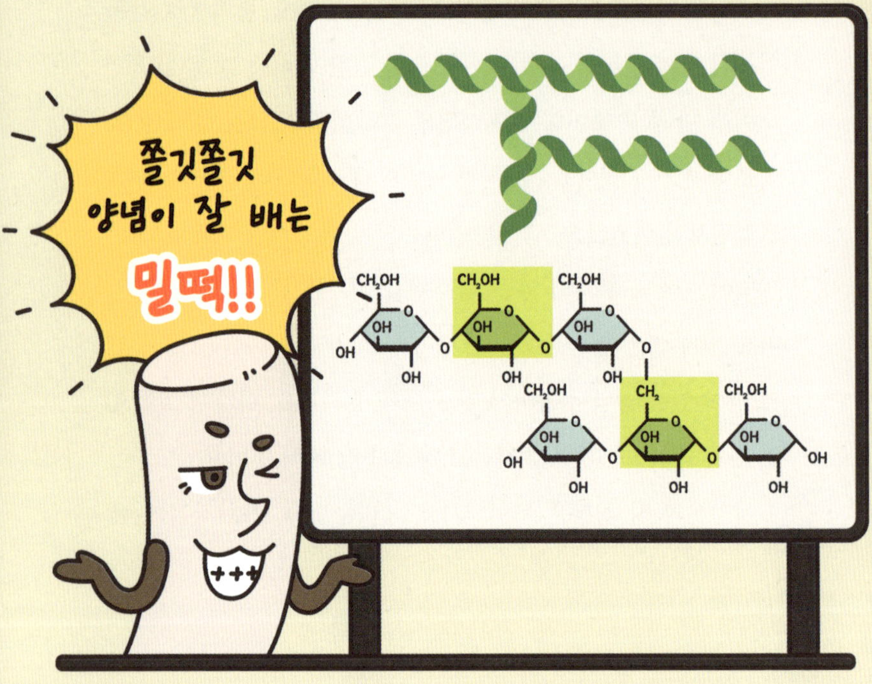
CH₂OH
CH₂OH
CH₂OH
OH
OH
OH
OH
OH
OH
쫄깃쫄깃
양념이 잘 배는
밀떡!!
CH₂OH
CH₂OH
CH₂OH
OH
OH
OH
OH
OH
OH
CH₂OH
CH₂
CH₂OH
OH
OH
OH
OH
OH
OH

력이 있어 고를 때마다 정말 곤란해요. 한 번에 두 가지 떡을 모두 맛볼 수 있으면 좋을 텐데 말이에요. 오늘은 쫄깃쫄깃 밀떡을 먹겠어요. 쿵쿵, 벌써 매콤한 냄새가 나기 시작합니다.

햇볕에 말려 맵싸한 태양초 고추장

떡볶이의 가장 중요한 양념은 고추장이지요. 고추장은 메줏가루에 진밥이나 떡가루 혹은 된죽을 버무리고 고춧가루와 소금을 섞어 만드는 장이에요. 남아메리카가 원산지인 고추는 16세기 후반 임진왜란 전후로 일본이나 중국에서 들어온 것으로 알려져 있어요. 그래서 고추장은 간장이나 된장보다 조금 늦게 만들기 시작했답니다. 1760년 편찬된 《증보산림경제》에 고추장 제조법이 처음 등장했지요. 그때도 지금처럼 메주를 이용하거나 발효 물질을 넣어 고추장을 만들었어요. 지금보다는 고춧가루가 더 적게 들어갔지만요.

1809년 편찬된 《규합총서》에는 고추장 만드는 법이 상세히 적혀 있어요. 콩 한 말을 삶고, 쌀 두 되를 갈아 흰 무리떡(곱게 간 쌀 앙금으로 만든 떡)을 찐 다음, 삶은 콩과 한데 넣어 수차례 찧어요. 그걸 손안에 들도록 작게 빚어서 발효시키면 메주가 되는데, 메주를 건조한 다음 다시 곱게 찧고 체로 내려 메줏가루를 만듭니다. 이렇게 만든 메줏가루 한 말과 소금 네 되, 고춧가루 다섯에서 일곱 홉, 찰밥 두 되, 꿀 한 보시기, 물을 넣고 고루 버무려 발효시키면 고추장이 됩니다. 고추장 만드는 방법은 지금과 크게 다르지 않지요.

고추장은 지역에 따라 만드는 법도, 맛도 조금씩 달라요. 쌀 대신 찹쌀, 보리, 수수를 넣기도 합니다. 그래도 고춧가루만은 고추장에 빠질 수 없겠지요. 빨갛게 익은 고추를 말려 빻은 고춧가루는 고추장의 주재료일 뿐 아니라 한국인의 주방에 없어서는 안 될 양념이에요. 고추는 우리나라에서 곡물 다음으로 중요한 농산물로 국민 한 명당 연간 소비량이 대략 4kg라고 하니 한국인의 매운맛 사랑을 잘 알 수 있지요. 그래서 예전에는 가을이면 집집마다 고추를 사서 너른 곳에 펴 말리는 풍경을 심심치 않게 볼 수 있었어요.

마당 있는 집이 드문 도심에서는 고추를 말릴 곳이 마땅치 않아요. 그래서 가끔 할머니들이 빈 주차장이나 자동차 보닛 위에서 고추를 말리는 걸 볼 수 있지요. 고추를 말리는 건 굉장히 번거로운데, 열흘 넘게 아침에 펼쳐 놓았다가 저녁이 되면 다시 거둬들이는 일을 반복해야 하거든요. 새벽에 이슬이라도 맞으면 바짝 말린 고추가 눅눅해질 테니까요. 게다가 비가 오지는 않는

태양초(왼쪽)와 화건(오른쪽)

지 항상 예의주시해야 한답니다.

이렇게 붉은 고추를 햇볕에 8일 이상 말린 고추를 '양건' 혹은 '태양초'라 해요. 물론 시중에서 건조기로 말린 '화건'이나 비닐하우스에서 말린 '반양건'을 살 수 있어요. 하지만 수고로움을 감수하면서 손수 고추를 사서 말리는 건 대다수 사람들이 태양초를 선호하기 때문이에요. 직접 만드니 믿고 먹을 수 있는 건 물론이고요, 고추장도 태양초로 만든 고추장이 인기잖아요. 그렇다면 태양초는 어떤 점에서 우수할까요?

고추의 품질을 결정하는 객관적인 방법이 아직 확립되어 있지는 않아요. 다만 크기, 모양, 과색 및 광택 등의 겉모습과 매운맛과 단맛을 중요하게 판단해요. 태양초는 건조 시간은 오래 걸리지만 조직이 더 치밀해지지요. 또 캡사이신의 함량이 높답니다.

캡사이신은 고추의 매운맛을 내는 성분으로, 한국 고추의 경우 캡사이신 함량 42.3%를 기준으로 매운맛과 순한맛을 구분하고 있어요.

태양초는 건조 과정에서 비타민C 함량이 줄어들지만, 고추 자체의 비타민C 함량이 높아서 태양초에도 비타민C가 풍부해요. 그런데 국제 규격에 따라 고추나 파프리카의 붉은색 단계를 판별하면 오랜 시간 건조할수록 색도가 낮아진답니다. 더 연한 색을 띤다는 말이지요. 사람들은 검붉은 화건보다 선명한 붉은색을 띠는 태양초를 선호한답니다.

여긴 주인 할머니가 직접 말린 태양초로 고추장을 만든다고 하네요. 맛있게 맵고 빛깔 좋은 떡볶이를 먹을 수 있겠어요. 잘 찾아왔어요!

떡볶이 양념, 조리 순서가 중요해

떡볶이 떡, 어묵, 물, 대파, 양파, 다진 마늘, 통깨, 고추장, 고춧가루, 간장, 설탕. 고추장 떡볶이의 기본 재료예요. 보통 즉석 떡볶이집에 가면 재료가 가득 담긴 냄비에 떡볶이 양념이 얹어 나와서 그냥 끓여 먹기만 하면 돼요. 라면 사리 같은 면 종류만 마지

막에 넣으면 되지요. 집에서 떡볶이를 해 먹고 싶다면 시판 떡볶이 소스를 이용해 쉽게 맛을 낼 수 있어요.

하지만 떡볶이 고수라면, 시판 소스의 도움 없이도 떡볶이를 만들 수 있겠지요? 가장 기본이 되는 재료로 말이에요. 물론 직접 양념해 만드는 것도 어렵지 않답니다. 인터넷에서 친절하게 소개된 떡볶이 레시피를 찾을 수 있으니까요. 레시피를 차근차근 따라 하면 기본에 충실한 떡볶이를 만들 수 있어요.

오래된 유명 맛집에는 대대로 내려오는 비법이 있어 한번 맛보고는 쉽게 따라 하기 힘들어요. 결정적 한 수인 '킥'을 넣어 평범해 보이는 떡볶이에 특별한 맛을 얹고, 같은 재료라도 황금 비율로 조합해 최상의 맛을 선보이는 거지요. 하지만 맛을 내는 비법은 기본적인 조리법에서 시작하기도 해요. 요리 고수가 아니라면, 기초적인 조리법부터 익히는 것이 맛을 내는 중요한 비법입니다. 이러한 비법은 생각보다 간단해요. 단단해서 오래 익혀야 할 재료를 먼저 팬에 넣거나, 재료가 팬에 달라붙는 것을 방지하기 위해 볶음 요리를 하기 전에 기름을 두르는 것처럼요. 양념을 넣는 순서 역시 하나의 비법이랍니다.

설탕, 소금, 식초가 있을 때 어떤 것을 먼저 넣으면 좋을까요? 보통 '설탕, 소금, 식초' 순으로 넣으면 돼요. 물론 그 이유는 과학으로 설명할 수 있지요. 설탕은 설탕 분자($C_{12}H_{22}O_{11}$)로 존재해요. 반면에 염화나트륨($NaCl$)인 소금은 물에 녹아 이온화되지요. 나트륨이온(Na^+)과 염화이온(Cl^-)으로요. 설탕 분자의 크기는 이온보다 큽니다. 만약 소금을 먼저 넣는다면 작은 이온들이 먼저 재료에 들어가 삼투압 작용을 일으키기 때문에 설탕 분자가 재료 속으로 들어가기 어렵습니다. 단맛이 재료에 잘 배어들게 하려면 설탕을 먼저 넣어야 하지요. 다만 요리에 윤기를 더할 목적으로 설탕을 사용한다면 맨 마지막에 넣는 게 좋아요. 식초는 약 5%의 아세트산(CH_3COOH)을 함유한 수용액으로 공기 중으로 쉽게 증발하는 휘발성을 띱니다. 조리 중에 먼저 넣으면 식초가 모두 날아가 버리겠지요? 식초의 시큼한 맛을 살리려면 나중에 넣어야 한다는 점, 꼭 기억하세요.

이 양념 넣는 순서를 떡볶이 만들 때도 적용할 수 있어요. 끓는 물 혹은 육수에 떡과 부재료를 넣고, 설탕을 먼저 넣어 끓이다가 고추장과 간장을 넣으면 단맛이 잘 배어 맛있는 떡볶이가 완성됩니다. 조리 순서만 신경 쓰면 단맛이 충분히 스며드니 설탕을 많이 넣을 필요가 없어서 건강에도 좋답니다. 이제 집에서도 맛있는 떡볶이를 따라 할 수 있겠어요!

즉석 떡볶이의 묘미는 직접 끓여 먹는 데 있어요. 식탁 위에서 보글보글 끓여 처음부터 끝까지 따끈한 떡볶이를 즐긴 다음, 남은 양념에 잘게 다진 채소를 넣어 밥을 볶아 먹으면 든든한 즉석 떡볶이 코스가 완성돼요. 생각만 해도 침이 고이는 즉석 떡볶이, 무엇으로 끓여 먹으면 좋을까요?

먼저 식탁 위에 올릴 수 있는 이동식 가열 기기를 찾아봅시다. 전기 코드를 꽂아 쓰는 하이라이트, 인덕션 레인지(이하 인덕션)가 있고 액화 부탄가스를 이용한 휴대용 가스레인지가 있어요.

이 중 전기 레인지에 해당하는 하이라이트와 인덕션은 얼핏 봐서는 구분하기 어려워요. 하지만 원리가 다른 주방 전열기랍니다. 하이라이트는 보통 세라믹으로 된 상판 아래 열선이 있어요. 전기에 의해 열선에 전류가 흐르면, 열선의 전기저항 때문에 전기에너지가 열에너지로 변환됩니다. 전원을 연결하면 열선이 빨갛게 달아오르며 열이 발생하고, 곧 상판 전체가 뜨거워지지요. 뜨거워진 하이라이트 위에 냄비를 올리면 열의 전도 현상에 의해 상판에서 냄비로 열이 전달된답니다. 이러한 전열 기기를 만들 때는 니크롬, 텅스텐 등 전기 저항이 적당히 큰 물질을 열선으로 사용해요. 이렇듯 하이라이트는 전열 기기 자체에 열이

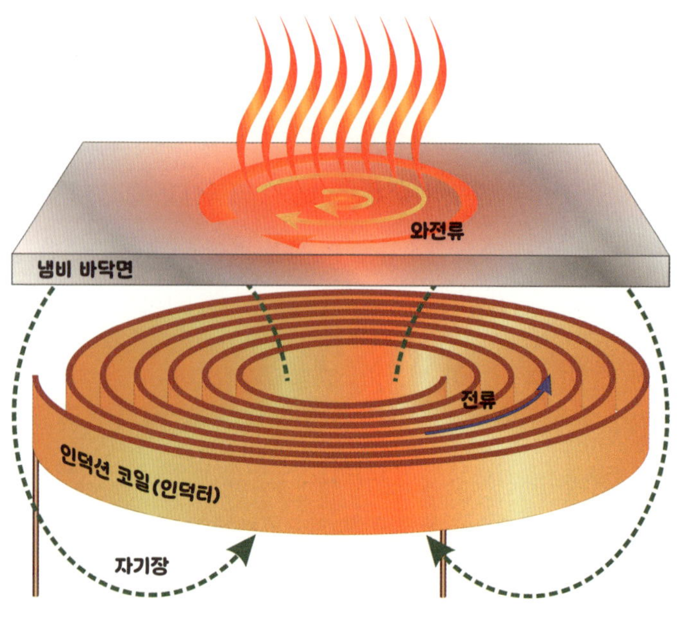

인덕션의 구조
인덕션은 조리 용기에 유도전류가 발생해 가열된다.

발생하기 때문에 어떤 조리 기구를 올려도 가열될 수 있지요.

반면에 인덕션은 전자기유도 현상을 이용한 전열 기기예요. 전자기유도는 영국의 물리학자 마이클 패러데이가 발견한 현상으로, 자기장의 변화에 의해 전류가 발생하는 것을 말해요. 무슨 말이냐고요? 자기장의 세기가 시간에 따라 변하거나, 자기장 속에 놓인 회로의 면적이 변할 때 전선에 유도전류가 흐른다는 뜻

이에요. 이 원리를 이용해 발전기와 스피커를 만든답니다.

다시 인덕션으로 돌아오면, 인덕션 상판 밑에는 인덕터라는 코일이 있어요. 구리로 만들어진 이 코일에 전류가 흐르면 자기장이 형성되는데, 이 자기장으로 인해 철 성분이 포함된 조리 용기에 유도전류가 흐르게 됩니다. 이 유도전류에 의해 열이 발생하지요. 조리 용기에 직접 열이 발생하기 때문에 가열되는 속도도 빠르고 손실되는 열도 줄일 수 있어 효율적이지만 인덕션 전용 용기만 사용해야 하는 단점이 있어요.

마지막으로 휴대용 가스레인지는 캔에 담긴 액화 부탄가스를 연소해 열에너지를 생성합니다. 뷰테인으로도 불리는 부탄은 액화석유가스의 한 종류예요. 네 개의 탄소 원자가 사슬 모양으로 결합한 탄화수소로, 무색무취의 기체랍니다. 인화성이 좋아 연료로 쓸 수 있지만, 같은 액화석유가스인 프로판보다 휘발성이 적어 상대적으로 안전하지요. 그래서 휴대용 가스레인지나 캠핑용 버너에 쓰이기도 하고, LPG 자동차의 연료로도 사용돼요.

부탄가스는 상온에서 기체 상태로 존재하지만, 휴대용 연료로 사용하기 위해 강한 압력을 가해 액체로 변화시킨 후 캔에 밀폐합니다. 온도와 압력을 바꾸면 물질(부탄가스)이 상태변화를 일으켜 원하는 용도로 사용할 수 있으니까요. 또한 가스가 누출되면 바로 알아차릴 수 있도록 특별한 냄새를 첨가해서 혹시 모를 사고를 예방할 수 있게 만들었어요.

그럼에도 불구하고 간혹 사고가 일어나기도 했어요. 액화 부탄가스를 가열하면 기체로 기화하는 과정에서 부피가 커져 폭발할 수 있거든요. 인화성이 커서 대형 폭발로 이어질 수도 있지요. 그래서 휴대용 가스레인지에는 큰 불판을 사용하지 말라는 경고문이 붙어 있어요. 큰 불판으로 인해 부탄가스가 가열되지 않도록 경고하는 것입니다.

이 밖에도 버려진 액화 부탄가스 캔이 소각장에서 폭발하는 것을 막기 위해 캔을 버릴 때 구멍을 뚫어 버리기도 했어요. 남은 가스가 빠져나갈 수 있도록 말이지요. 하지만 구멍을 뚫는 과정에서 마찰로 인해 스파크가 생기며 폭발로 이어질 수 있기 때문에 현재는 권장되지 않고 있어요. 최근 판매되는 액화 부탄가스 캔에는 '파열 방지 기능' 장착이 의무화되어 안전하니 너무 무서워할 필요는 없어요. 캔 뚜껑에 미세한 구멍을 여러 개 뚫어서 캔 안의 압력이 상승하면 가스를 저절로 배출해 폭발하지 않도록 했거든요. 그래도 안전이 제일이니 즉석 떡볶이를 먹을 때는 주의하기로 해요.

자, 이제 어떤 떡볶이를 어떻게 먹을지 정했나요? 사실 무엇을 선택하든 상관없어요. 인덕션이든 휴대용 가스레인지든, 밀

떡이든 쌀떡이든, 고추장이든 짜장이든 사실 떡볶이는 다 맛있고, 다음에 또 먹을 거니까요.

맛있게 매운 떡볶이, 잘 먹었습니다!

2 묵은지 생삼겹살

3년이나 묵힌 김치를 먹어도 될까?

지글지글 불판에 구워 먹는 삼겹살은 한국인이 가장 선호하는 고기 요리예요. 돼지의 갈비뼈를 떼어 낸 배 부위에서 나오는 고기로, 살과 비계가 세 겹을 이루는 것처럼 보여 삼겹살이라 불러요. 지방질 덕분에 부드러운 식감과 고소한 풍미를 자랑하지요.

돼지고기는 우리나라 국민 1인당 육류 소비량의 절반을 차지합니다. 가장 좋아하는 부위는 삼겹살, 조리 방식은 구이지요. 하지만 삼겹살 구이가 인기를 끈 것은 1970년대 이후로, 그리 오래되지 않았어요. 전통적인 우리 식문화에서는 돼지고기를 주로 삶아 먹었거든요. 여름철 돼지고기 요리는 잘 익히지 않으면 자칫 탈이 났기 때문이에요. 개성 지역에서 먹던 세겹살을 삼겹살이라는 이름으로 식당에서 팔기 시작하면서 삼겹살 구이가 온 국민의 요리가 되었어요.

국민 고기 메뉴인 삼겹살에는 역시 묵은지와 된장찌개도 빠뜨릴 수 없는 짝꿍이지요. 그럼, 오늘 저녁은 노릇하게 구운 삼겹살과 묵은지를 먹어 볼게요.

고기의 역사는 꽤 오래되었답니다. 선사시대, 약 300만 년 전에 살았던 오스트랄로피테쿠스부터 고기를 먹었으니까요. 채집 생활을 하던 오스트랄로피테쿠스는 기후변화로 날씨가 추워지며 열매가 줄어들자 짐승을 사냥해 먹기 시작했어요. 하지만 오스트랄로피테쿠스의 치아는 크고 넓어서 고기를 씹기에 알맞지 않았어요. 게다가 오랜 채집 생활로 인해 장은 열매나 나무뿌리 등 섬유질이 많은 음식을 잘 소화시키기 위해 매우 길어졌어요. 그로 인해 배가 나와 구부정한 자세로 걸어 유인원에 가까운 모습이었지요.

그런데 그로부터 약 150만 년이 지난 후에 나타난 호모에렉투스는 도구를 사용하고 허리를 편 채 꼿꼿이 걸었다는 사실이 알려졌어요. 무엇보다 커다란 두뇌와 작은 턱이 현생 인류에 가까운 모습이었지요. 호모에렉투스는 어떻게 오스트랄로피테쿠스와 달라질 수 있었을까요?

그 실마리는 약 250만 년에서 약 170만 년 전에 살았던 호모하빌리스의 흔적에 있었어요. 호모하빌리스는 고기를 얻기 위해 본격적으로 사냥하고, 불에 음식을 익혀 먹기 시작했어요. 화식(火食)을 하며 호모하빌리스에게 변화가 생겼어요. 생식할 때보

묵은지 생삼겹살

다 감염의 위험이 줄어 수명이 길어졌지요. 또 익힌 고기는 쉽게 부서져 소화가 잘되기 때문에 같은 양의 고기를 먹어도 쓸 수 있는 에너지의 양이 늘었어요. 치아와 턱이 고기를 잘 씹을 수 있도록 변하고, 소화가 수월해지니 장이 짧아지면서 직립보행을 할 수 있는 몸으로 점차 바뀔 수 있었어요.

무엇보다 인류의 두뇌가 이전과는 달라졌답니다. 고기를 익혀 먹으며 에너지 효율이 높아져서 두뇌 활동에 이용할 수 있는 에너지도 늘어났어요. 뇌의 무게는 인체의 약 2.5%에 불과하지만, 뇌가 사용하는 에너지는 인체 전체가 사용하는 기초대사의 약 20%나 되거든요. 고기를 익혀 먹은 것이 호모에렉투스를 거쳐 현생 인류로 진화하는 데 결정적인 역할을 했지요.

현생 인류로 진화하게끔 고기를 구워 먹은 선사시대 인류에게 감사하며, 이제 삼겹살을 먹어 볼까요? 물론 우리도 삼겹살을 불에 조리해야겠지요. 우리나라 사람들이 가장 즐겨 먹는 삼겹살, 그중에서도 가장 인기 있는 조리 방법은 '굽기'예요. 한국 사람의 80% 이상이 삼겹살을 먹을 때 구워 먹지만, 삼겹살을 맛있게 굽기는 쉽지 않아요. 어떤 사람은 불판에서 삼겹살을 한 번만 뒤집어야 한다고 하고, 무조건 푹 익혀야 하니 여러 번 뒤집어야 한다는 사람도 있지요. 그런데 사실 몇 번 뒤집는지는 그리 중요한 게 아니에요. 삼겹살을 맛있게 굽는 비결은 바로 온도랍

마이야르 반응

최적의 고기 굽기 3대 요소

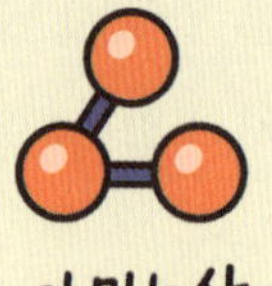

니다.

무조건 높은 온도에서 굽는다고 좋은 건 아니에요. 굽기에 최적인 온도는 130℃에서 200℃ 사이거든요. 이 온도로 고기를 노릇하게 구우면 마이야르 반응이 나타나요. 마이야르 반응은 음식을 조리할 때 당과 아미노산 사이에서 화학적 변화가 일어나 고기가 갈색으로 변하며 풍미가 생기는 현상이에요. 1912년 프랑스의 생화학자 루이 카미유 마이야르가 세포 내에서 아미노산과 당이 어떻게 반응하는지 연구하던 중 찾아냈지요.

처음에는 잘 알려지지 않았다가 마이야르가 죽고 난 뒤 고기와 콩 등 음식에서도 마이야르 반응이 일어난다는 사실이 밝혀지며 널리 알려졌어요. 고기의 경우 포도당이 아미노산의 종류인 시스테인과 반응해 사람들이 좋아하는 특별한 풍미가 나타나요. 수분과 굴곡이 없는 불판에서 고기를 구울 때 마이야르 반응이 잘 일어나기 때문에 높은 온도에서 수분을 날리고 평평한 불판에서 삼겹살을 노릇하게 구워야 맛이 난답니다. 이때 200℃가 넘어가면 발암물질이 발생하니 너무 높은 온도로 굽지 않도록 주의해야 해요.

잠깐만요, 이제 고기를 뒤집어야겠어요!

3년이나 묵힌 김치, 배탈 나면 어쩌지?

지글지글 삼겹살을 구울 때 빼놓지 말아야 할 김치! 한국인에게 김치란 어떤 음식에도 없으면 안 될 음식이지만, 삼겹살을 먹을 때면 더욱 간절히 원하게 돼요. 삼겹살에서 빠져나온 기름에 노릇하게 구우면 시큼한 맛이 입맛을 돋우고, 기름에 굽지 않은 김치는 느끼함을 잡아주니까요.

잘 익은 묵은지라면 더할 나위 없이 좋아요. 어떤 식당에서는 2년 지난 묵은지, 심지어 3년 된 묵은지를 내놓기도 하지요. 아무리 오래 묵혀서 먹는 묵은지라지만 3년이나 된 음식을 먹어도 되는지 망설여질 수도 있을 거예요. 결론부터 말하자면 3년 된 묵은지, 먹어도 괜찮답니다. 그 이유는 김치를 만드는 과정을 보면 알 수 있어요.

김치는 씻은 배추나 채소를 소금물에 담가 만드는 발효 식품이에요. 이때 미생물이 효소로 유기물을 분해해서 에너지를 얻는 과정을 발효라고 해요. 김치는 술, 된장, 요구르트 등 다른 발효 식품과는 달리 추가로 균을 넣어 주지 않아도 되는 자연 발효 식품입니다. 이렇게 채소가 자연적으로 발효되게 하려면 먼저 잡균이 생기지 않도록 해야 해요. 김치를 만드는 과정을 살펴보면 어떻게 다른 잡균이 생기지 않는지 알 수 있어요.

묵은지 생삼겹살

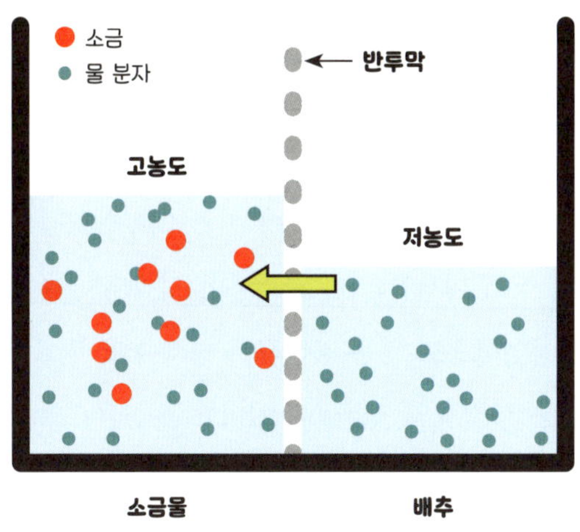

절임 배추의 삼투압 현상
배추의 물이 농도가 높은 소금물로 이동하면서 배추가 절여진다.

먼저 물과 소금을 섞어 만든 3% 농도의 소금물에 배추나 채소를 담가요. 그런데 배추나 채소의 세포막은 반투과성막이에요. 즉 입자가 작은 분자는 통과할 수 있고, 입자가 큰 분자는 통과하지 못하지요. 소금물에 배추를 담그면 배추의 세포막을 경계로 소금물의 농도가 배추의 농도보다 높아요. 농도 차이로 인한 삼투압이 발생한답니다. 그러면 서로 다른 농도를 맞추기 위해 작은 물 분자가 세포막을 통해 배추 밖으로 나오는 삼투압 현상이 일어나요.

삼투압 현상은 반투과성막을 경계로 농도 차이가 있으면 물 분자가 반투과성막을 통해 농도가 낮은 쪽에서 높은 쪽으로 이동하는 현상을 말해요. 이 현상에 의해 시간이 지나 배추의 숨이 죽으면 소금이 배추 안으로 들어가 배추가 절여진답니다.

배추가 절여지고 간이 들면 배추는 스스로 발효될 준비가 다 된 거예요. 이제 미생물의 발효 작용이 시작되지요. 김치는 숙성되면서 자연적으로 많은 젖산균이 자라나요. 발효된 김치에는 g당 1억~10억 개의 젖산균이 있어요. 유산균으로 불리는 젖산균은 우리 몸에 이로운 미생물 중 하나로 당분을 분해해 젖산과 유기산을 만들지요. 이런 김치를 발효시키는 젖산균은 여러 종류가 있는데 발효할 때는 모두 김치 특유의 시원하고도 신맛이 만들어진답니다. 젖산이 다량으로 자라나면 음식을 부패하게 하는 다른 잡균은 자라지 못하기 때문에 김치를 오래 보관할 수 있고, 선조들은 이를 이용해 채소가 귀한 겨울철에도 각종 김치를 담가 채소를 먹었어요.

묵은지는 오래 숙성되어 발효 과정이 끝난 김치를 말해요. 그러니까 이미 묵은지 안에는 많은 젖산균이 가득 자리 잡고 있기 때문에 음식을 상하게 하는 다른 균이 들어오지 못해요. 그래서 잘 보관된 묵은지는 걱정하지 않고 먹어도 된답니다. 하지만 묵은지라 하더라도 보관 과정이 잘못되어 파란 곰팡이나 노란 곰팡이가 보인다면 절대로 먹으면 안 되겠지요.

묵은지 생삼겹살

단, 김치를 오랜만에 꺼낼 때 김치의 윗부분에 하얀 물질이 보일 때가 있는데 이는 곰팡이와 달리 골마지라고 하는 효모랍니다. 역시 보관 과정에서 공기가 들어가거나 농도가 맞지 않을 때 생겨요. 몸에 해로운 독성은 없지만, 김치를 무르게 하므로 골마지가 있는 김치는 제맛이 나지 않아요.

삼겹살과 묵은지를 맛있게 먹었다면, 이제 입가심으로 된장찌개를 먹을 차례입니다. 보글보글 된장찌개를 하얀 쌀밥과 먹으면 삼겹살의 느끼함은 사라질 테니까요. 여기 된장찌개랑 밥 한 공기 주세요!

곰팡이에서 된장찌개로 거듭나기까지

뚝배기에 보글보글 끓고 있는 된장찌개를 그냥 지나칠 수 있는 사람이 있을까요? 삼겹살을 먹고 된장찌개까지 먹어야 식사를 마무리한 것 같은 느낌이 드는 것은 우리가 역시 한국 사람이기 때문이겠지요.

된장찌개는 애호박, 버섯과 같은 각종 채소, 두부에 된장을 넣고 끓여 만들어요. 된장은 간장, 고추장처럼 콩을 발효시켜 만든 한국의 전통 발효 식품이지요. 장이 들어가지 않은 한식은 거의 없을 정도로 장은 한식의 기본이라 할 수 있어요. 특히 장은 주식인 쌀로 구성된 선조들의 식단에 부족한 영양분인 단백질을 공급해 왔답니다.

이 중 된장과 간장은 메주를 이용해 만들어요. 메주는 콩을 오래 삶아 부드럽게 만든 다음 절구에 찧어 덩이지도록 모양을 잡고, 마른 짚을 감거나 짚 위에 얹어요. 마른 풀이나 짚에는 좋은 발효균인 바실루스가 있어서 메주를 발효시키거든요. 스스로 발효되는 김치와 달리 메주를 만들기 위해서는 이 과정이 꼭 필요해요. 메주를 이틀 정도 말리면 겉은 말라 쩍쩍 갈라지고 속은 촉촉한 상태가 되는데 겉에는 하얀 곰팡이가 피고, 갈라진 틈새로 발효균이 안까지 들어가 발효를 시작해요. 이처럼 메주는 다양한 균, 효모, 곰팡이 들이 작용하기 때문에 이들이 잘 발효할 수 있는 적당한 온도와 습도를 유지해 주어야 해요.

발효가 균이 유기물을 분해할 때 사람에게 이로운 물질이 나오는 과정인 반면, 미생물이 지방 성분을 분해하며 암모니아, 황화수소, 아민 등 좋지 않은 물질을 만드는 과정을 '부패'라 해요. 부패가 진행될 때 불쾌한 냄새가 나기도 하지요. 이렇게 유기물을 무기물로 분해해 자연으로 돌려보내는 부패는 생태계에 꼭 필요한 과정입니다. 부패가 없다면 동식물의 사체는 분해되지 않고 그대로 남아 있을 거예요. 하지만 식품이 부패하는 건 좋지

묵은지 생삼겹살

않은 일이기는 하지요. 가끔 빵을 상온에 오래 두면 곰팡이가 핀 것을 볼 수 있어요. 가느다란 실 모양의 균사인 곰팡이가 음식을 상하게 만들지요.

그렇지만 모든 곰팡이가 해로운 건 아니에요. 푸른곰팡이는 치즈와 같은 식품을 만들 때 꼭 필요해요. 또 최초의 항생제인 페니실린도 곰팡이에서 만들었다는 사실! 연구원의 실수로 실험체에 푸른곰팡이가 피었고, 그 결과 페니실린을 만들 수 있었거든요. 우리나라를 비롯해 중국, 일본 사람들이 콩, 쌀, 밀 등을 발효시킬 때 나타나는, 주로 술을 빚을 때 사용하는 누룩곰팡이도 이로운 곰팡이 중 하나랍니다.

다시 메주로 돌아가 볼까요? 잘 말린 메주는 소금물에 담아 숙성시킨 후 액체 부분인 간장과 건더기 부분인 된장으로 분리해 각각 옹기에 옮겨 담아 발효시켜요. 거의 1년이 걸리는 정성스러운 과정이에요. 중국의 장이나 일본의 된장을 짧은 기간 숙성시키는 것과 다르지요. 오래 숙성된 우리 전통 된장은 특유의 맛과 향을 내고 한국인의 입맛에 각인된 소울 푸드가 되었답니다.

유산균도 좋아하는 전통 옹기

오래 두고 먹는 김치와 된장은 발효가 잘되는 옹기, 즉 항아리에 담아 보관해요. 옹기는 선사시대 쓰던 그릇이 발전된 형태예요. 잿물을 입히지 않고 700℃ 안팎으로 구운 질그릇과 잿물을 입혀 1,200℃ 안팎의 고온에서 오래 구운 오지그릇을 말해요. 이러한 옹기에는 오랜 시간 구울 때 생성되는 아주 미세한 구멍이 많이 있어요. 유약을 발라 구운 자기에는 이러한 구멍이 없어 표면이 매끈하지요.

옹기 구멍의 크기는 물 분자의 $\frac{1}{2000}$ 정도 되는 나노 단위의 크기랍니다. 나노는 10^{-9}m의 크기로 아주 작아서 물은 통과하지 않지만, 산소는 얼마든지 드나들 수 있어요. 장을 발효시키는 바실루스와 곰팡이는 산소를 좋아하기 때문에 옹기에 난 구멍은 장이 발효되기 적합한 환경을 만들어요. 옹기는 김치를 발효시키는 데도 좋아요. 공기가 순환하며 부패균의 활동을 억제할 수 있어서 젖산균, 다시 말해 유산균이 훨씬 잘 자라요.

우리나라 전통 주택인 한옥에서는 볕이 잘 드는 곳에 장독대를 두었어요. 장독대에는 각종 장과 김치가 담긴 항아리들이 늘어서 있지요. 장독대를 보면 우리 선조들이 1년 내내 먹을 장과 김치를 보관하는 데 온 힘을 기울였다는 것을 알 수 있어요. 항

묵은지 생삼겹살

상 서늘한 온도를 유지할 수 있도록 땅을 파고 항아리를 묻기도 했지요. 우리나라 겨울의 땅속 온도는 1℃ 정도로 김치를 맛있게 발효시키는 젖산균이 가장 잘 활동하기 때문이에요.

오늘날 주택에서 장독대는 찾아보기 어려워요. 주로 김치냉장고를 이용하지요. 김치냉장고 역시 옹기처럼 적정 온도를 최대한 유지하고, 공기가 통하도록 만들었어요. 이 두 가지가 발효의 기본이니까요. 김치냉장고는 일반 냉장고와는 달리 위로 여닫는 형태가 많아요. 뚜껑을 위로 여닫을 때는 앞에서 열었을 때 나타나는 공기의 대류현상이 잘 일어나지 않기 때문에 온도 변화를 되도록 막을 수 있지요. 김치냉장고에 들어가는 용기 또한 옹기를 본따 미세한 나노 크기의 구멍을 만들어 김치가 숨 쉴 수 있도록 해요.

김치, 된장 등이 수천 년 동안 이어진 데는 과학적인 이유가 있지요? 오늘 식사는 맛있기도 했지만, 한국 전통 음식은 선조들의 지혜와 정성 덕분에 전해진 소중한 우리의 문화유산이라는 걸 다시 한번 깨닫고 갑니다. 오늘도 잘 먹었습니다!

3 니하오 충식

원헤이 불 맛의 정체는?

짜장면, 짬뽕, 탕수육은 세대를 아울러 가장 익숙한 외식 메뉴예요. 할아버지 세대는 중요한 모임을 고급 식당인 청요릿집에서 했고, 엄마 세대 졸업식 날에는 학교 근처 중국집에 자리가 없을 정도였어요. 이사하는 날이면 짜장면을 시켜 먹곤 했지요. 지금은 프랜차이즈 중식당이 생기고 배달 앱으로 다양한 요리를 받아 볼 수 있지만, 아직도 짜장면과 탕수육은 인기예요. 요즘은 딤섬과 마라샹궈까지 다양한 중화요리가 사랑받고 있어요.

중화요리는 중국 현지의 전통 요리를 말하기도 하지만, 오랜 세월 한국에 정착되어 변형된 요리를 뜻하기도 해요. 우리나라에 본격적으로 중화요리가 소개된 것은 1883년 산둥 지역의 화교들이 인천에 터를 잡기 시작하면서부터예요. 1900년대 초반 인천 차이나타운에 중국집들이 문을 열었고, 중국요리점의 준말인 중국집라는 말도 1920년대 신문에 처음 등장하죠. 우리나라 중식당의 원조로 불리는 '아소산'과 '공화춘'도 이때 문을 열었어요. 저는 오늘 중화요리로 저녁을 해결하겠어요.

탁, 탁, 탁…. 하얀 옷을 입은 주방장님이 하얀 밀가루를 폴폴 날리며 기다란 밀가루 반죽을 만들고 있어요. 양손으로 잡아당겨 길게 늘린 면을 도마에 내리치고 배배 꼬아 다시 내리치면 통통 튀어 오른 밀가루 반죽이 두 가닥으로 나뉘고, 다시 네 가닥이 되고, 바닥에 내리칠 때마다 가닥이 점점 늘어요. 이렇게 반죽을 늘이고 접고 꼬고 도마에 치는 일을 몇 번 반복하다 보면 어느새 여러 가닥의 가느다란 면이 만들어진답니다. 칼을 쓰지 않고 밀가루 반죽을 쳐서 만드는 면을 가리켜 손으로 쳐서 만든다는 뜻의 수타면(手打麵)이라고 한답니다. 수타면이란 이름은 손으로 면을 끌어당겨 만든다는 뜻의 라멘(拉麵)에서 유래했지요. 일본의 라멘도 중화요리의 라멘에서 출발했답니다.

주방에서 바닥을 몇 번 치는지 관심을 기울이면, 면이 몇 가닥 나오는지 알아차릴 수 있어요. 면 가닥의 수는 한 번 칠 때마다 2의 제곱으로 늘어나거든요. 한 번 늘이고 접고 꼬고 치면 두 가닥, 두 번 늘이고 접고 꼬고 치면 네 가닥, 세 번째에는 여덟 가닥, 네 번째에는 열여섯 가닥으로 말이지요. 짜장면 한 그릇을 만드는 면 가닥의 수가 보통 128가닥이라고 하니, 일곱 번 쳐야 한다는 걸 금방 알겠지요?

밀가루 반죽은 잡아당기면 길게 죽 늘어나고 바닥에 내리치면 다시 튀어 올라요. 익히면 쫄깃해지는 것까지 모두 밀가루로 만든 면이기 때문에 가능한 일이에요. 쌀로 만든 쌀국수에서는 탱탱함과 쫄깃함을 느낄 수 없잖아요. 밀로 만든 국수가 특별한 이유는 밀에는 다른 곡물에는 없는 글루텐이 있기 때문이지요.

밀가루는 밀알에서 껍질과 배를 벗겨낸 배젖 부분을 가루 내 만들어요. 밀알도 쌀알처럼 식물인 밀로 자라는 씨앗이에요. 그래서 껍질과 싹으로 자라나는 배 부분과, 싹을 틔우고 자라도록 영양을 공급하는 배젖으로 되어 있어요. 밀의 배젖에는 글리아딘과 글루테닌이라는 단백질이 있답니다. 글리아딘은 공 모양으로 뭉쳐 있고 글루테닌은 황화수소 결합이 이어진 망을 형성하고 있어요. 글리아딘 반죽은 죽죽 늘어나는 점성이 좋고, 글루테닌 반죽은 탄성이 좋아 잘 늘어나지 않아요.

밀가루에 물을 넣고 치대며 반죽하면 밀가루에 들어 있는 글루테닌과 글리아딘의 결합이 다시 만들어져요. 글루테닌 망 사이에 글리아딘이 들어가 두 단백질의 성질을 지닌 글루텐이 형성된답니다. 글루텐은 글리아딘과 글루테닌의 중간 성질을 가지며 탄성이 있지만 잘 늘어나고 공기를 투과시키지 않지요. 그래서 밀가루로 만든 면을 익히면 탱탱하고 쫄깃한 식감을 느낄 수 있어요.

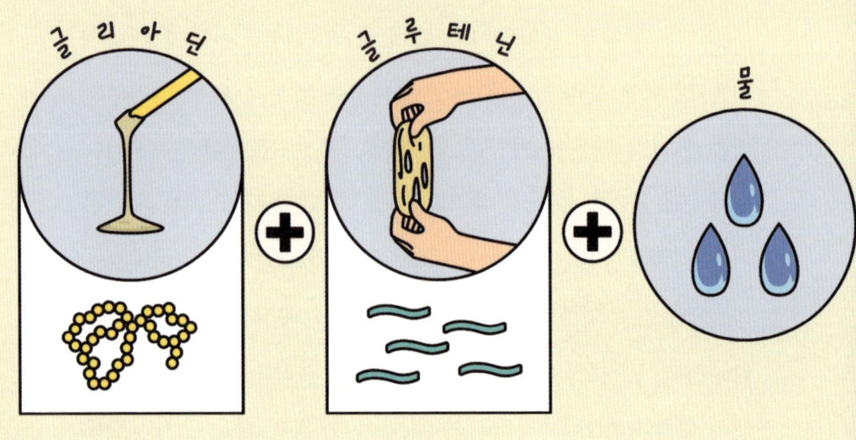

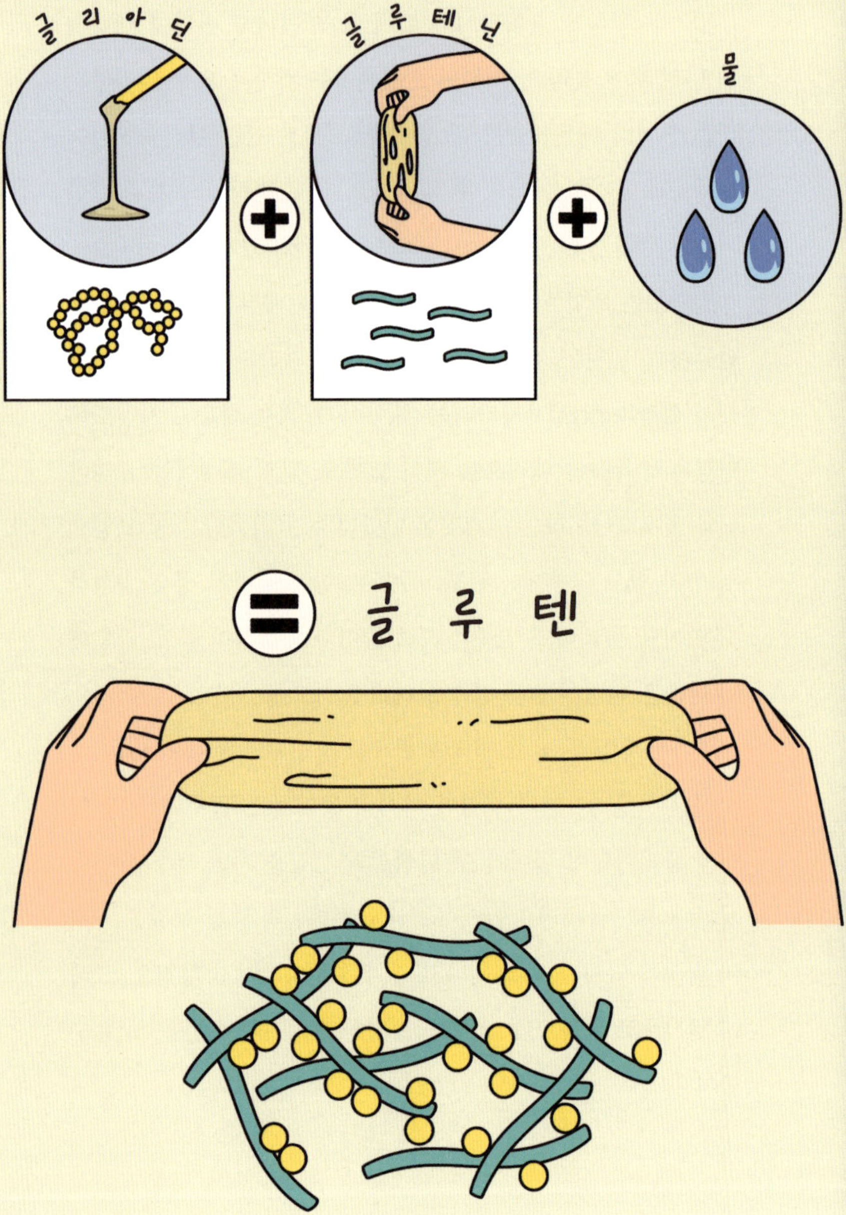

글리아딘
글루테닌
물
＝ 글루텐

수타면을 만들 때는 밀가루와 물을 섞어 만든 반죽을 바닥에 내리쳐요. 그러면 그 충격으로 공기가 제거되며 글루텐의 그물 구조가 잘 형성된답니다. 글루텐이 형성된 반죽을 늘이고 접은 다음 배배 꼬는 과정을 통해 면의 굵기가 일정해지고, 반죽을 다시 치면 면이 고루 바닥에 충돌해 반죽 전체에 글루텐이 형성되는 거예요. 면 사이사이에 밀가루를 뿌려 주면 점성이 높아진 면이 서로 붙지 않고 여러 가닥의 가느다란 면이 완성돼요.

짜장면의 화룡점정 불 맛

치지직, 냄비가 달궈진 소리가 들려요! 면이 준비돼서 이제 짜장 소스를 볶을 건가 봐요. 다양한 채소와 고기를 볶아 만든 짜장면, 양파와 고기를 물기 없이 춘장에 볶은 간짜장, 해산물을 넣은 삼선 짜장, 다진 고기만 넣은 유니 짜장, 넓은 쟁바에 펼쳐져 나오는 쟁반 짜장, 매콤한 사천요리 풍으로 만든 사천 짜장. 이 중에서 제가 시킨 것은 간짜장이랍니다. 일반 짜장과 달리 녹말과 물을 넣지 않아 되직하지요. 그런데 우리가 일반적으로 먹는 짜장면이 중국에는 없다는 사실을 알고 있나요? 만약 외국에 나가 익숙한 검은색 짜장면을 먹고 싶다면 꼭 한국식이라는 말이 붙어 있는 중국집인지 확인하고 들어가야 해요. 그렇지 않다면 낯선 음식을 먹게 될 거예요.

우리나라 짜장면의 기원이 된 음식은 바로 자장멘이에요. 중국식 된장을 볶아 면에 비벼 먹는 요리인데, 중국식 된장은 우리나라에서 먹는 춘장과는 달리 단맛 없이 짠맛이 나는 갈색 된장이랍니다. 된장에 고기를 넣고 볶은 다음 오이처럼 익히지 않은 채소를 곁들여요. 면과 볶은 된장을 비벼 먹지요. 중국은 우리나라와는 달리 밀을 직접 생산한답니다. 그래서 면 자체를 즐기고, 다소 뻑뻑한 적은 양의 장에 비벼 먹어요.

반면에 우리나라 짜장면은 소스가 강조된 음식이에요. 1905년 공화춘이라는 식당에서 처음 짜장면을 팔기 시작했고, 1950년대 짜장 소스를 팔던 회사에서 캐러멜을 넣은 춘장을 개발해 판매하면서 단맛 나는 짜장면을 먹게 되었지요. 1960년대 들어 원가를 낮추기 위해 감자와 양파를 볶아 넣으면서 단맛 없이 짜고 고기만 볶은 중국의 자장멘과는 다른 요리가 되었어요. 달콤하고 감칠맛 나는 짜장면은 1960~70년대 분식장려운동으로 널리 퍼졌어요. 조리 시간이 길지 않고 부담스럽지 않은 가격의 음식으로 많은 사람의 사랑을 받았지요.

짜장면이 나왔어요! 수타 면 위에 얹은 짜장 소스는 불 맛이 나요. 불 맛이 탄 맛이라고 생각할 수 있지만 정교하게 만든

불 맛과 탄 맛은 엄연히 다르답니다. 중식당의 화구 온도는 약 2,000℃나 되는데, 기름 증기가 재료 주변에 머물며 불과 만나 훈연 향이 배어드는 게 바로 불 맛이지요.

불 맛이 나는 요인은 크게 세 가지랍니다. 먼저 고기가 불에 익을 때 일어나는 마이야르 반응과 캐러멜화, 그리고 기름의 부분 연소예요. 고기의 아미노산이 당과 만나 마이야르 반응을 일으키며 특유의 맛을 내요. 캐러멜화는 당분을 가열하면 분해반응이 일어나 갈색으로 변하며 풍미를 내는 것이지요. 그리고 기름이 불완전연소를 하며 각종 휘발성 유기화합물이 발생해요. 연소는 물질이 산소와 화합하는 것을 말하는데, 완전연소를 할 때 물과 이산화탄소만 발생하는 것과는 달라요. 이런 불 맛을 가정에서 내기는 쉽지 않아요. 고온을 내는 화구가 없으니까요. 그래서 토치를 이용해 고기의 겉면만 살짝 익히며 훈연 향을 입히기도 하고, 불 맛 소스를 이용해요. 불 맛 소스는 휘발성 유기화합물을 넣어 인공적으로 휴여한 듯한 맛을 내는 거랍니다.

고슬고슬 볶음밥을 만드는 웍헤이

불 맛에 관해 조금 더 이야기해 볼까요? 중화요리의 볶음밥은 집에서 만든 볶음밥과는 달라요. 밥알 하나하나가 기름에 코팅되어 고슬고슬하답니다. 이 비법은 고화력에서 나는 불 맛 덕분인데 이를 '웍헤이'라고 해요.

웍은 무쇠로 만든 커다란 냄비를 말해요. 무쇠 표면을 기름으로 잘 코팅해 놓죠. 중식 조리도구는 웍과 찜기만 있으면 된다는 말이 있답니다. 찜 요리를 제외하고 거의 모든 요리를 웍을 사용해 센 불에서 재빨리 재료를 익힌다는 뜻이지요. 웍 요리에서 느낄 수 있는 불 맛, 즉 웍헤이(鍋氣)는 직역하면 '웍의 에너지'입니다. 영어로는 '웍의 숨결(breath of a wok)'이라고도 해요.

여기서 에너지는 일을 할 수 있는 능력을 말해요. 열도 에너지의 한 종류예요. 좀더 정확히 이야기하면, 물질을 이루는 분자들이 가진 운동에너지의 합이 열에너지랍니다. 열은 온도가 높은 곳에서 온도가 낮은 곳으로 이동해요. 온도가 같아 평형을 이룰 때까지요. 열이 이동하는 방법으로는 전도, 대류, 복사가 있어요.

전도는 접촉해 있는 물체 사이에서 원자들의 충돌로 열에너지가 전달되는 방법입니다. 뜨거운 냄비에 넣어 둔 숟가락을 만지면 손을 데는 것처럼 말이지요. 대류는 열에너지를 가진 물체 자체가 이동하며 에너지가 전달되는 방법이에요. 가스레인지에 물을 담은 냄비를 올리면 열을 받아 뜨거워진 아래쪽 물이 위로 올라가고, 차가워진 물이 아래로 내려오며 물의 온도가 같아져

요. 이 현상이 바로 대류예요. 마지막으로 복사는 열에너지 자체가 전자기파의 형태로 이동하는 것을 말해요. 태양으로부터 지구로 오는 열이 중간에 어떤 물질의 도움도 받지 않고 전자기파의 형태로 직접 이동하는 것처럼요.

이제 잘게 썬 볶음밥 재료가 웍에서 익어 가는 과정을 살펴볼까요? 웍은 커다란 냄비여서 냄비의 부분마다 온도가 다르답니다. 웍을 움직여 재료들이 온도가 다른 구간을 지나며 타지 않고 맛있게 익도록 하는 거예요. 먼저 주방장은 화구의 받침에 닿도록 웍을 놓고 손목으로 숙련된 스냅을 주어 웍을 주기적으로 움직여요. 그러면 재료가 둥근 웍의 벽을 따라 공중에 떴다가 원을 그리며 다시 웍으로 떨어져요.

불과 직접 닿는 웍의 맨 아래 둥근 부분은 온도가 대략 800℃까지 올라가요. 웍의 열은 맞닿은 재료로 전도되지요. 볶음밥 재료는 뜨거운 웍으로부터 열을 전달받아 익어요. 그리고 팬의 중간쯤 올라오는 곳의 온도는 100℃ 정도로, 재료에서 증발한 수증기가 모이는 곳이에요. 증기는 재료 주변에 붙어 수증기가 가진 열로 익고 수증기가 응결되어 촉촉하게 해 준답니다. 요리사의 숙련된 손목 스냅에 의해 재료가 웍의 가장자리에서 공중으로 날아올라요. 이때 불길이 솟구치면 수분을 날리고 기름이 코팅되어 마이야르 반응과 캐러멜화가 일어나 불향을 머금어요.

날아오른 볶음밥은 관성에 의해 둥근 원을 그리며 떨어지기 시작해요. 볶음밥이 가장 높이 올라간 곳은 온도가 가장 낮지만, 대류에 의해 뜨거워진 공기가 있어요. 그래서 볶음밥은 이 열기에 의해 마저 익는답니다. 요리사가 웍을 주기적으로 흔드는 이러한 과정을 반복하면 볶음밥이 뜨거운 팬에 눌어붙지 않고 공중으로 날아올라 알맞게 익어요.

이처럼 웍헤이를 제대로 내기 위해서는 재료가 둥글게 회전해 웍 안으로 다시 떨어지도록 웍의 각도를 잘 조절해야 해요. 보통 화구의 받침에 걸쳐 놓고 웍을 좌우로, 위아래로 시소가 움직이듯 흔드는데, 흔드는 횟수와 각도를 잘 조절하면 재료가 웍 밖으로 나가는 일 없이 고루 섞이면서 둥글게 회전하며 날아오른답니다. 어떤 물리학자들은 볶음밥이 웍 밖으로 떨어지지 않고 제대로 볶아지도록 웍의 각도와 흔드는 횟수를 계산해 놓았답니다. 하지만 요리사들은 오랜 경험과 노하우로 계산하지 않아도 이미 알고 있지요.

증기의 힘으로 딤섬을

기름진 중식 볶음 요리를 먹다 보면 담백한 요리가 생각나곤 해

요. 대표적인 중국의 전통 요리인 만두를 먹어 볼까요? 만두는 《삼국지》에서 제갈량이 사람의 머리를 제물로 바치는 풍습 대신 사람 머리처럼 생긴 만두를 빚어 올린 것에서 비롯되었다고 해요. 우리는 밀가루로 만든 피에 소를 넣어 감싼 음식을 모두 만두라 하지만 중국에서 만두를 일컫는 말이 다양해 헷갈릴 때가 있어요.

먼저 만두피를 만들 때 밀가루 반죽을 발효시킨 만두와 발효시키지 않은 만두로 나눌 수 있어요. 발효시킨 만두피는 피가 두껍고 빵처럼 폭신폭신하답니다. 발효시킨 만두피로 만든 만두에는 중식 만두의 기원이 된 만터우(만두)가 있어요. 청나라 때부터는 만터우가 소가 없는 만두를 가리키는 말로 쓰였어요. 여러 종류가 있는데, 고추잡채에 곁들여 먹는 꽃빵과 비슷하답니다. 바오쯔(포자)는 발효시킨 만두피 안에 소를 넣어 찐 요리예요.

밀가루 반죽을 발효시키지 않은 만두에는 자오쯔(교자)가 있어요. 비교적 얇은 만두피를 바구니처럼 만들고 소를 넣어 만든 만두이지요. 채소부터 고기까지 다양한 소를 품은 자오쯔는 삶거나 찌거나 굽는 등 조리법도 다양하답니다. 명나라에서는 명절에 먹는 특별한 요리였지요. 탕에 넣어 먹는 자오쯔 요리는 훈툰이라 해서 우리나라 만둣국과 비슷하답니다. 국물은 걸쭉하지만요.

그렇다면 딤섬은 무엇인지 궁금하지요? 흔히 딤섬이 만두라 생각하지만, 딤섬은 광둥 지역에서 아침과 점심 사이에 먹는 식사의 형태를 말해요. 우리말로는 소위 '아점', 영어로는 브런치라고 하지요. 작은 대나무 찜기에 쪄서 내는 요리를 통칭한답니다. 자오쯔나 바오쯔부터 닭발까지 다양한 요리를 딤섬으로 먹을 수 있어요.

중국에서 두꺼운 만두피에 다양한 만두가 발달한 것은, 만두가 시작된 중국 북부 지역의 주식이 밀이기 때문이랍니다. 쌀이 주식인 우리나라와는 다르게 밀로 만든 풍성하고 화려한 만두 요리를 선보이는 것이지요.

제가 주문한 샤오룽바오(소룡포)가 나왔어요. 대나무 찜기 안에서 하나를 꺼내어 젓가락으로 살짝 만두피를 찢으면 육즙이 터져 나와요. 소 안에 든 젤라틴이 녹으며 만들어진 육즙이랍니다. 식기 전에 육즙 먼저 맛볼게요. 그리고 생강 채를 얹어 간장에 찍어 먹으면 촉촉하고 부드러운 맛이 입안을 가득 채워요. 고기와 채소의 맛이 그대로 살아 있답니다. 찜 요리의 특징이지요.

찜 요리는 수증기로 익히는 요리를 말해요. 수증기로 가득 찬 일반 찜기 내부의 온도는 압력을 높이지 않는 이상, 대기압에서 100℃를 넘지 않아요. 기체 상태인 수증기는 잠열을 재료에 전달하고 재료 표면에서 물로 응결된답니다. 잠열은 상태변화에

쓰이는 열을 말하는데, 이 잠열로 재료가 익고, 촉촉한 수분도 머금을 수 있어요.

100℃의 온도에서 익힌다는 것은 같지만, 끓는 물에 재료를 넣고 삶을 때와 달리 찜 요리는 영양소 손실이 적어요. 수용성 영양소가 물에 녹아 나오지 않기 때문이에요. 찜은 증기로 재료 고유의 맛을 살리며 익히는 조리법이라 할 수 있죠. 물론 모양도 그대로 유지된답니다.

작은 증기의 힘이 얼마나 큰지는 알고 있지요? 우리 일상에서는 만두를 익히고 주전자 뚜껑을 들어 올릴 뿐이지만, 밀폐된 증기기관 안에서는 공장의 기계를 돌리고, 기차를 움직이게 해 산업혁명을 이끌었잖아요. 위대한 증기 덕분에 오늘도 맛있게 저녁을 먹었습니다!

초밥을 가장 맛있게 먹는 방법

초밥은 일본의 대표적인 음식이에요. 보통 초밥이라고 하면 손으로 쥐어 만든 밥 위에 생선회를 한 조각 올린 '니기리즈시'를 떠올리지만, 소금, 식초, 설탕으로 간을 한 밥에 얇게 저민 생선이나 달걀, 채소 등을 얹거나 말아서 만든 요리 모두를 말한답니다.

초밥의 기원은 정확히 알 수 없지만 일본 초밥의 가장 가까운 기원은 생선을 소금과 밥에 절이고 눌러 만든 '나레즈시'예요. 밥이 자연 발효하면서 생긴 젖산이 세균을 억제하기 때문에 보존식으로 이용했답니다. 3~6개월 동안이나 발효했기 때문에 처음에는 밥은 버리고 생선만 먹다가, 발효 기간이 짧아지면서 밥을 함께 먹기 시작했어요. 이후 손으로 밥을 쥐어 만든 '니기리즈시'는 19세기 초 도쿄에서 시작되었어요. 오래 숙성시킨 기존 초밥과는 달리 신선한 생선을 사용해서 패스트푸드처럼 팔았답니다. 이처럼 날생선을 얹어 먹는 초밥이 널리 퍼질 수 있었던 것은 냉장고와 같은 보존 수단이 생겼기 때문이지요. 그럼, 오늘은 어떤 초밥부터 시작할까요?

광어, 참돔, 농어, 참치, 전갱이, 고등어, 새우, 관자, 문어…. 접시에 올라간 알록달록 다양한 초밥을 보고 있자면 군침이 돌지요. 한눈에 살펴보았으면, 이제 어떤 초밥을 먼저 먹을까 고민해 봐요. 달걀이나 새우, 문어, 조개류를 제외하면 접시 위에 있는 생선은 크게 흰 살 생선과 붉은 살 생선을 얹은 초밥으로 나눌 수 있을 거예요.

참치, 전갱이, 고등어 같은 붉은 살 생선은 바다 표층에 떠서 무리를 지어 이동하는 회유성어족이 많아요. 빠른 속도로 헤엄쳐야 해서 근육에 산소를 많이 공급받지요. 그래서 산소를 저장하는 단백질인 '미오글로빈'이 많아 붉은색을 띤답니다. 회유성어족에는 지방도 많아 풍부한 맛을 느낄 수 있지만 대신 지방 성분이 분해되며 독특한 냄새가 나기도 해요.

광어, 참돔, 농어 같은 흰 살 생선은 보통 바다 중층이나 바닥에 사는 생선으로 운동량이 많지 않아요. 색소단백질이 적어 살이 흰색으로 보이죠. 대신 근육이 단단하고 콜라겐이 많아 쫄깃한 식감을 줘요. 몸 전체로 헤엄치는 가자미가 꼬리로 헤엄치는 참치보다 콜라겐이 많은 것처럼 말이에요. 흰 살 생선은 쫄깃하기 때문에 붉은 살 생선보다 먹기 좋게 회를 얇게 뜬답니다.

보통 여러 종류의 초밥을 주방장이 순서대로 내주는 오마카세 식당에서 흰 살 생선으로 시작해 붉은 살 생선을 나중에 주는 것도 담백한 흰 살 생선과 맛이 풍부한 붉은 살 생선의 차이 때문이에요. 물론 사람마다 좋아하는 식감과 생선도 다 다르답니다.

같은 생선을 얹더라도 맛이 달라지는 이유가 있어요. 바로 '숙성' 때문이에요. 숙성은 낮은 온도에서 일정 시간 동안 저장하는 작업을 말해요. 껍질을 벗기고 뼈를 바른 생선 살을 깨끗한 면포나 키친타월로 싸서 냉장고에 보관해 숙성해요. 생선은 고기와는 달리 죽은 지 얼마 되지 않아 단단하게 경직된 근육이 풀려요. 그래서 바로 잡아 회를 떠 활어 회로 먹기도 하지요. 잡은 지 얼마 되지 않은 활어 회를 얹는지, 일정 기간 발효한 숙성 회를 얹는지에 따라서도 초밥의 맛이 달라진답니다.

숙성할수록 생선의 맛이 달라지는 하나의 요인은 바로 근육 세포 속에 있는 ATP랍니다. ATP(Adenosine Tri-Phosphate, 아데노신 3인산)은 아데노신에 3개의 인산기가 달린 물질로, 모든 생명체가 가진 화합물이에요. ATP 분자에서 인산기 하나가 떨어지면 ADP가 되면서 에너지가 나오는데, 이 에너지를 생명 활동에 이용한답니다. ATP가 에너지를 내고 ADP로 분해되었다가 인산기를 하나 붙여 다시 ATP가 되는 ATP-ADP 순환에 따라 생명체

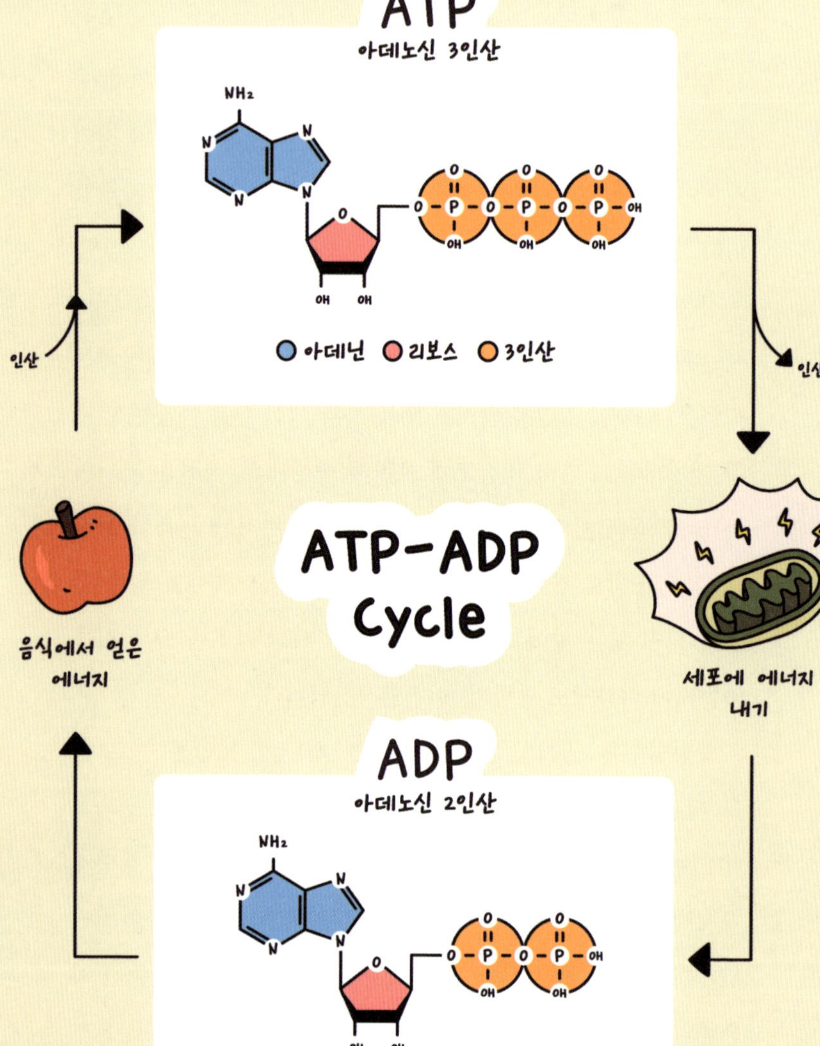

ATP
아데노신 3인산
NH2
OH OH
아데닌
리보스
3인산
인산
인산
ATP-ADP
Cycle
음식에서 얻은
에너지
세포에 에너지
내기
ADP
아데노신 2인산
NH2
OH OH
아데닌
리보스
2인산

는 생체 에너지를 내며 살아간답니다.

생선도 다른 생물처럼 살아 있는 동안 ATP로 필요한 에너지를 내요. 그런데 생선이 죽으면 ATP는 근육에 있는 효소에 의해 분해되기 시작해요. 그 과정에서 감칠맛을 내는 성분인 '이노신산'이 생긴답니다. 숙성 기간에 따라 감칠맛 성분인 이노신산이 생성되고, 다시 분해되기 때문에 숙성 기간을 잘 정하는 것도 초밥의 맛을 내는 데 아주 중요하지요.

숙성 회의 맛을 내는 또 하나의 요인은 바로 단백질의 분해를 돕는 다양한 효소의 작용이에요. 숙성 기간 동안 생선이 가진 단백질 분해 효소가 단백질을 아미노산으로 분해하는데, 이 과정에서 신맛이 제거되고 콜라겐이 분해되어 살이 부드러워진답니다.

담백하고 쫄깃한 활어 회보다 잘 숙성시켜 부드럽고 감칠맛이 나는 숙성 회가 초밥에 더 어울린다고 해요. 저는 그럼 적당히 부드러워진 참돔에 생 고추냉이를 갈아 넣고 소금을 살짝 올린 초밥을 먼저 먹어 볼게요.

단단하고 예리한 회칼의 조건

일식집에 가면 요리사들 앞에 길게 한 줄로 늘어선 '다찌석'에

앉곤 해요. 요리사가 초밥을 만드는 모습을 눈앞에서 볼 수 있거든요. 초밥을 손으로 쥐고 직접 회를 써는 모습까지 말이에요. 이때 회를 써는 요리사의 몸놀림을 유심히 본 적 있나요? 면포에 쌓인 잘 숙성된 회를 꺼내 도마에 올리고, 몸을 기울여 위에서 아래로 한 번에 회를 썰어 낸답니다. 한 치의 주저함도 없이 말이에요. 초밥에 올라가는 회는 매끈한 표면의 질감을 그대로 느낄 수 있어야 하기 때문이에요. 거칠거칠한 회는 식감을 해칠 수 있지요.

한 번에 얇게 회를 썰어야 하기 때문에 일식 요리사의 회칼은 다른 칼보다 유난히 길고 끝이 뾰족하답니다. 주방에서 쓰는 칼을 다룰 때는 누구나 조심해야 하지만, 회를 써는 일식 칼은 특히 더 조심해야 해요. 회칼의 날 길이는 24~36cm 정도로 길거든요. 칼을 길게 당겨 자른 회의 단면이 짧게 당겨 자른 것보다 더 보기 좋기 때문이랍니다. 또한 날이 날카로워야 회가 받는 압력이 높아 단번에 깊게 썰 수 있지요.

회를 얇게 뜨기 위한 일식 칼은 양식 칼과는 달리 외날로 되어 있어요. 보통 가정에서 쓰는 양식 칼은 양쪽에 날이 들어 있어 날의 가운데가 뾰족하지만, 일식 칼은 외날이어서 한쪽으로만 날이 서 있지요. 그래서 일식 요리사는 회를 썰 때 몸을 기울이는 경향이 있답니다. 단숨에 회를 잘라 내려면 칼의 소재도 중

요해요. 보통 회칼은 연철과 강철을 이용해 경도를 높여요.

인간이 처음 쓰기 시작한 칼은 대부분 돌로 된 거였어요. 구석기시대에는 돌을 그대로 사용하다가 다른 돌에 갈아 날카롭게 만든 돌칼을 쓰기 시작했어요. 이후 구리와 주석의 합금인 청동으로 농기구와 무기를 만들었고, 철을 쓰면서 농업생산력이 높아지는 한편 전쟁도 많이 일어나게 되었어요. 구리로 된 청동보다 철이 훨씬 강했으니까요.

철은 지구에 풍부한 금속이에요. 보통 철광석의 형태로 존재하죠. 이런 철광석을 높은 온도에서 녹여 불순물을 제거하고 순수한 철을 얻어요. 하지만 순수한 철은 산소와 쉽게 반응해 녹이 슬고 부서진답니다. 사람들은 철을 더 강하게 만들기 시작했어요. 불에 달군 뒤 여러 번 두드리고 식히는 거예요. 대장간에서 불이 잘 일어나도록 풀무질을 하고 철을 벌겋게 달군 뒤 땀을 뻘뻘 흘리며 망치로 두드려 모양을 만든 다음 찬물에 담가 급히 식히면 급격한 온두 차로 인해 단단한 철이 된답니다.

또 철에 탄소 함량이 높을수록 기존의 철보다 단단해져요. 이처럼 철에 다른 비금속 원소나 금속을 첨가해 만든 금속을 합금이라고 해요. 합금을 통해 각 원소의 특성을 살릴 뿐 아니라 더 향상된 특성을 가진 물질이 탄생한답니다. 탄소 함량이 낮은 철은 연철, 탄소 함량이 높은 철은 강철이라고 해요. 일식 회칼은 강철과 연철을 이용해 경도를 높여 만들어요. 회가 더 매끈하게 썰릴 수 있도록 말이지요.

오늘 요리사님의 칼날이 유독 더 빛나는 것 같아요. 매끈한 초밥의 맛을 제대로 즐길 수 있겠네요.

초밥의 감칠맛을 더하는 '초(醋)'

초밥의 기원이라고 할 수 있는 나레즈시에서는 젖산균이 밥을 발효해 젖산이 되면서 신맛이 나요. 이렇게 발효 과정에서 신맛이 나오는데, 오늘날 우리가 먹는 초밥에는 왜 배합초가 빠지지 않을까요? 빨리 발효시키기 위해 식초를 뿌려 즉석 초밥으로 먹기 시작한 '에도마에즈시'로부터 이어진 문화랍니다. 배합초에는 기본적으로 식초, 설탕, 소금, 맛술이 들어가요.

초밥에 식초를 넣기 시작한 것은 에도시대 일본에 식초가 널리 퍼진 이후랍니다. 손으로 쥐어 만드는 니기리즈시에 들어갈 밥은 소금, 미초와 박초의 두 가지 식초로 간을 했어요. 미초는 곡물 함량이 높은 곡물 발효 식초이고, 박초는 술지게미로 만든 식초예요. 술지게미는 술을 만들고 난 찌꺼기예요. 박초는 처음에 양조장의 술지게미에서 우연히 만들어졌답니다. 발효된 에

틸알코올을 한 번 더 발효하면 신맛이 나는 식초가 되거든요.

양조장에서 술을 만들 때는 찐 곡물에 누룩을 넣어 발효시켜요. 누룩에 있는 미생물인 효모가 산소의 도움 없이 곡물을 발효해서 에틸알코올과 이산화탄소로 분해한답니다. 이렇게 만들어진 에틸알코올이 바로 술이지요. 하지만 우연히 박초가 만들어진 그날, 양조장에는 아세트산균, 다시 말해 초산균이 있었던 거예요. 적당한 온도에 산소도 풍부했고요. 초산균은 애써 만든 에틸알코올을 아세트알데히드로 분해했어요. 그렇게 만들어진 아세트알데히드는 효소에 의해 신맛이 나는 아세트산이 되었어요. 물론 초산균이 식초를 만들려고 했던 것은 아니에요. 자신들이 쓸 생체 에너지 ATP를 만들기 위해 발효하는 과정에서 식초가 만들어진 거랍니다. 아무튼 이 아세트산이 바로 식초였고, 양조장에서는 실수로 만들어진 붉은 식초인 박초를 시중에 팔기 시작했어요.

박초는 단맛이 많이 나는 식초라서 밥에 소금과 미추, 박추만 넣어 간을 해도 단맛이 났어요. 사람들이 단맛이 나는 초밥의 맛에 익숙해지기 시작한 것도 바로 박초 덕분이랍니다. 그런데 얼마 지나지 않아 황변미 사건이 일어났어요. 태평양전쟁에서 패배해 물자가 부족해진 일본이 곰팡이가 피어 색이 누렇게 변한 쌀을 군인들에게 나눠 주면서 큰 반발을 산 거예요. 박초가 들어간 초밥도 붉은색을 띠어서 상한 밥이라는 의심을 받았어요. 결국 더는 초밥에 박초를 넣지 않게 되었지요. 하지만 이미 사람들은 단맛 나는 초밥에 익숙해졌어요. 그래서 색이 하얗고 신맛이 나는 백초와 함께 이때까지만 해도 비싼 값에 팔리던 설탕을 넣기 시작했답니다.

물론 아직도 초밥에 설탕을 넣지 않고 맛술만으로 단맛을 내기도 해요. 맛술에는 포도당, 맥아당, 올리고당 등이 포함되어 설탕보다 부드러운 단맛을 내기 때문이지요. 인위적인 설탕 대신 전통의 맛을 따른다는 생각에서요. 맛술은 단맛이 날 뿐만 아니라 다른 조미료가 재료에 빨리 침투할 수 있도록 돕고, 약간의 살균 효과도 있어요. 그리고 78℃에서 기화되면서 비린내를 없애기도 한답니다.

이제 다시 식초로 돌아가 볼까요? 식초에서 신맛이 나는 이유는 식초가 산이기 때문이에요. 산은 물에 녹아 수소이온(H^+)을 띠는 물질을 말해요. 우리 혀에 있는 맛봉오리는 수소이온을 감지해 뇌에 신맛을 느꼈다고 신호를 보낸답니다.

수소이온의 농도를 이용하면 산이 어느 정도인지 알 수 있어요. 산도, 즉 pH 말이에요. 수소이온의 농도가 진할수록 강산, 수소이온의 농도가 낮으면 약산이랍니다. pH7(중성)을 기준으로 그보다 낮으면 산성, 높으면 염기성이라고 해요. 커피의 산도는

pH5, 식초는 pH3, 콜라는 pH2.5이고, 위액의 경우 pH2 정도로 강산에 속하지요. 이러한 산은 물에 녹아 전류를 흐르게 하는 전해질이고, 금속과 반응해 수소 기체를 내요. 그리고 음식에 넣으면 살균 작용을 한답니다. 대부분의 균은 pH6~7에서 살아요. 산성 조건에서는 제대로 된 생체 반응이 일어나지 않아 살아남는 균이 별로 없으니까요. 우리 위액이 pH2의 강산인 이유도, 식초로 간을 한 초밥이 잘 상하지 않는 이유도 이 때문이랍니다.

초밥의 식감을 더하는 '밥'

잘 숙성된 회를 얇게 썰어 얹든, 김에 말든, 그릇을 덮을 정도로 잔뜩 얹든 모든 초밥의 공통점은 배합초로 간을 한 밥이 있다는 거예요. 흔히 먹는 하얀 쌀로 지은 밥이지만, 미식가들은 초밥의 맛을 결정짓는 데 쌀이 생선보다 중요한 역할을 한다고 강조해요. 밥알을 손으로 쥐었을 때 부서지지 않을 만큼 단단해야 하고, 입에 넣었을 때 가볍게 흩어져야 한다니, 보통 까다로운 게 아니지요.

쌀이 열매로 열리는 벼는 옥수수 다음으로 많이 재배되는 작물이에요. 벼는 약 20여 종이 있지만, 크게 우리나라와 일본과 같은 온대 지역에서 자라는 자포니카 벼와 동남아시아 같은 열대 지역에서 자라는 인디카 벼로 나눌 수 있어요. 자포니카 벼는 쌀알이 작고 둥글고 차지며, 인디카 벼는 쌀알이 길쭉하고 찰기가 없어 흩날린답니다.

이 두 벼의 차이는 바로 녹말의 성분에 있어요. 녹말 중 아밀로오스와 아밀로펙틴의 성분에 따라 달라져요. 긴 사슬 모양 분자 중간에 가지가 뻗은 모양의 아밀로펙틴은 긴 사슬 모양으로 이어진 아밀로오스보다 더 찰기가 있어요. 우리가 먹는 밥이 찰지고 끈기가 있는 것에 반해 동남아시아에서 먹는 밥알은 길쭉하고 주먹밥처럼 뭉쳐지지 않아 볶음밥에 적합한 것도 아밀로오스와 아밀로펙틴의 성분비 때문이에요. 우리가 먹는 자포니카 벼는 아밀로오스의 함량이 상대적으로 낮고 인디카 벼는 아밀로오스의 함량이 많답니다. 그리고 아밀로오스 없이 아밀로펙틴으로만 이루어진 벼에서는 찹쌀이 열려요.

방금 수확한 쌀은 모두 단단하지만 60~65℃로 가열되면 수분이 들어갈 수 있을 만큼 구조가 느슨해져요. 그래서 물을 넣고 가열하면 녹말이 수분을 머금어 부드러운 녹말이 된답니다. 이러한 과정을 녹말의 '호화'라 해요.

이 과정에서 수분이 너무 많으면 진밥이 되고 물이 적으면 된밥이 돼요. 초밥을 지을 때는 물을 적게 넣는 게 좋아요. 그래서

갓 수확해 수분을 많이 머금은 햅쌀보다는 수확한 지 1년이 넘은 묵은쌀이 적당히 건조되어 초밥용으로 많이 쓰인답니다.

수분을 알맞게 머금은 밥이 뜨거울 때 배합초를 넣어 밥알이 으깨지지 않게 살살 버무려요. 높은 온도에서 식초와 간이 고루 스며들 수 있도록 말이죠. 그리고 부채질로 식초를 날리고 체온보다 조금 높은 정도의 온도가 될 때까지 식혀 초밥을 만든답니다. 그래야 입안에 넣었을 때 체온에 맞는 초밥이 되니까요.

체온에 딱 맞는 초밥, 밥알이 정말 살아 있어요!

완벽한 식감, 비밀은 면발에 있다!

　포모도로, 알리오 올리오, 카르보나라, 봉골레, 라구 볼로네제…. 이탈리아를 대표하는 파스타 요리예요. 파스타는 밀가루를 소금과 물로 반죽해 만드는 요리 전부를 말합니다. 두루뭉술한 범위만큼이나 그 역사도 아주 길지요. 이탈리아어로 파스타는 원래 '반죽'을 뜻했어요. 비옥한 초승달 지대에서 고대 문명이 시작되면서 밀을 재배했고, 고대 그리스와 로마에서도 물과 밀가루를 반죽해 삶거나 구운 다양한 요리를 즐겼어요. 지중해 지역에 듀럼밀 종자가 도입된 후로는 건조 파스타를 만들기 시작했지요.

　파스타는 르네상스 시대에 이탈리아 전역으로 퍼져 나갔고, 19세기에 들어 각 지역의 지리, 기후, 문화에 맞는 파스타가 자리를 잡았습니다. 북부 이탈리아에서는 달걀을 넣어 반죽한 섬세한 맛의 파스타가, 남부 이탈리아에서는 상큼한 올리브유와 토마토가 듬뿍 들어간 강렬한 맛의 파스타가 인기랍니다. 오늘 점심은 이탈리아의 맛, 파스타로 정했어요!

면을 삶을 때 꼭 소금을 넣어야 할까?

스파게티, 링귀니, 페투치니, 펜네, 리가토니, 푸실리, 마카로니, 라비올리. 길이도, 두께도, 모양도 다른 이 면들은 모두 파스타예요. 이렇게 다양한 파스타를 세세하게 구분하기 앞서 파스타는 크게 생면과 건면, 두 종류로 나누어요.

생면은 먹을 때마다 새로 만드는 파스타예요. 매번 밀가루와 소금, 물로 반죽해 잘라 모양을 내지요. 반면에 건면은 생면을 건조해 수분함량을 줄인 파스타예요. 이탈리아의 시칠리아에서 시작되어 배로 운반해 주변 지역으로 퍼져 나갔어요. 보관성이 좋아 긴 항해에도 끄떡없지요. 건면 파스타를 만들 때는 듀럼밀을 사용해요. 지중해 기후에서 잘 자라는 듀럼밀은 글루텐이 많고 수분 흡수율이 좋아 건면을 만들기에 안성맞춤이랍니다.

이제 파스타를 삶아 볼까요? 파스타를 삶을 때는 냄비가 클수록 좋아요. 커다란 냄비에 물을 넣고 끓이다가 소금을 한 숟갈 넣어요. 그리고 물이 끓어오를 때 파스타를 넣고 익히는 거예요. 끓이는 시간은 파스타에 따라 다르답니다.

이때 중요한 것은 물에 소금을 넣는 거예요. 소금을 넣으면 간도 더해지지만 파스타를 빨리 익힐 수 있어요. 순물질인 물보다 다른 물질을 섞은 혼합물의 끓는점이 더 높거든요. 100℃보

오 이태리

트라파니 염전

다 높은 온도에서 물이 끓으면서 파스타도 더 높은 온도에서, 더 빨리 익게 되는 원리랍니다.

　이탈리아 사람들은 '소금' 하면 남부 시칠리아에 있는 트라파니 염전을 떠올려요. 우리나라 사람들이 신안을 떠올리고 프랑스 사람들이 게랑드를 떠올리는 것처럼 말이에요. 트라파니 지역은 강한 햇볕에 비가 내리는 날이 적고 북아프리카에서 건조한 바람이 불어오는 지중해성 해양기후입니다. 소금을 생산하기 알맞지요. 덕분에 2,000여 년 전부터 바닷물을 증발시켜 천일염을 얻었답니다. 트라파니 염전에서는 바닷물을 가두는 저수지,

증발시키는 세 곳의 증발지를 거쳐 소금을 거두어요.

염전에서 소금을 얻을 수 있는 것은 바닷물이 물에 소금이 녹아 있는 용액이기 때문이에요. 용액은 두 물질이 균일하게 섞인 액체 상태의 혼합물을 말해요. 물은 약한 전기적 성질을 띤 극성분자예요. 그래서 소금(염화나트륨)이 물에 녹으면 양전하를 띤 나트륨이온과 음전하를 띤 염화이온으로 이온화되어 고루 섞여 들어가지요. 그런데 녹이는 물질인 용매에는 온도에 따라 녹아드는 물질인 용질이 녹을 수 있는 최대한의 양이 있어요. 이렇게 용매인 물에 용질인 소금이 최대한으로 녹아 더 이상 녹아 들 수 없는 용액을 포화용액이라고 해요. 어떤 온도에서 녹을 수 있는 최대량을 넘어서면 소금은 더 이상 물에 녹지 못하고 결정이 되기 시작해요.

바닷물도 마찬가지예요. 그릇에 바닷물을 담아 햇볕에 두면 햇볕과 바람에 의해 물이 기체가 되어 공기 중으로 날아가 증발하고, 물의 양이 줄어들면서 소금은 더 이상 녹지 못하고 결정으로 석출되지요. 소금은 정육각형의 결정으로 석출되는데, 바닷물 속의 다른 성분과 불순물 때문에 결정 모양이 달라지기도 한답니다.

트라파니 염전에서는 갯벌의 진흙을 다진 곳에서 천일염을 생산하기 때문에 토판염이라 불려요. 불순물이 많지만 맛은 무

척 풍부해요. 염전에서는 봄에 물을 가두어 여름부터 가을까지 소금을 서너 번 거둬요. 소금을 얻기까지 오랜 시간이 걸리지요. 소금 생산량이 많지 않던 과거에 소금은 황금이라 불릴 만큼 귀한 대접을 받았어요. 기원전 6세기경 로마제국이 부유해진 데는 소금 무역도 한몫했고, 당시 병사들의 월급을 소금으로 주기도 했어요. 봉급을 뜻하는 '샐러리(salary)'도 '소금(salt)'에서 유래한 말이지요.

포크만 있으면 '알 덴테'는 식은 죽 먹기

생면이든 건면이든 중요한 것은 스파게티 면을 얼마나 익힐지예요. 집에서 직접 요리를 할 때 면을 알맞게 익혔는지 확인하기는 쉽지 않거든요. 스파게티 면 포장지에 몇 분 삶아야 하는지 써 있지만, 집집마다 냄비 크기도 다르고 물의 양도 다르잖아요. 많은 양을 요리할 때 얼마나 삶아야 적당한지 잘 모를 때도 많고요.

사람마다 좋아하는 면의 익힘 정도가 다르기도 하지요. 처음 파스타를 먹기 시작한 르네상스 시대에만 하더라도 면을 1~2시간이나 푹 익혀 먹었다고 하니까요. 하지만 항상 평균이란 있는 법이잖아요. 이탈리아 사람들은 자신들이 좋아하는 면의 익힘 정도를 '알 덴테'로 규정해 놓았어요. 알 덴테는 '치아로'라는 뜻으로, 적절한 식감으로 익힌 상태를 말해요. 삶은 스파게티 면을 씹었을 때, 치아에 약간 단단한 식감이 느껴지는 상태랍니다. 잘라서 단면을 보면 가운데 심이 보이는 정도예요. 보통 물에 소금을 넣고 10분 정도 끓이면 알 덴테 상태가 된다고 하지요.

그렇다면 표준이 되는 알 덴테만큼 면이 삶아졌는지 확인할 방법이 있을까요? 고전적인 방법으로는 면 한 가닥을 건져서 벽에 붙여 보는 거예요. 벽에 붙으면 알 덴테, 아니면 덜 익은 상태라는 이야기가 있지요. 하지만 어떻게 스파게티 면을 삶다가 매번 벽에 던져 보겠어요.

가장 좋은 방법은 자신의 환경에 맞는 물과 면의 양, 시간을 찾아내는 거예요. 이건 각자 집에서 실험해 보는 게 좋아요. 실험을 설계할 때는 변인 통제를 잘해야 하는데, 변인은 실험 결과에 영향을 미칠 수 있는 요인이에요. 그리고 결과에 영향을 주는 변인을 독립변인이라 해요. 스파게티 면을 알 덴테로 삶는 시간을 알아내는 실험에서 독립변인은 시간이 되겠지요.

독립변인에 따라 변하는 결과를 종속변인이라 해요. 이 실험에서는 시간에 따라 변하는 결과인 스파게티 면의 익힘 정도가 종속변인이에요. 이 실험을 할 때 항상 고정해야 하는 변인도 있

스파게티 면의 모세관현상

삶은 스파게티 면 두 가닥이 서로 떨어져 있는 길이를 재면 면의 익힘 정도를 알 수 있다.

어요. 물의 양, 스파게티 면의 종류와 양, 냄비의 크기와 재질, 가스레인지의 화력 등 독립변인 외에 변하지 않도록 설계한 변인을 통제변인이라 해요. 변인을 잘 통제하며 실험해 보면, 스파게티 면을 알 덴테로 삶는 시간을 찾을 수 있답니다.

너무 번거로울 것 같다고요? 다행히 궁금한 것을 못 참는 과학자들이 있었어요. 미국 일리노이대 기계공학과 연구진이 스파게티 면이 잘 익었는지 확인하는 방법을 알아내고 이를 공개했답니다. 스파게티 면 두 가닥을 포크로 일정 간격을 두고 집은 뒤 삶아 얼마나 달라붙는지 확인하는 거예요. 면이 익으면서 두 가닥이 아래서부터 붙기 때문에 이를 확인하면 익힘 정도를 알

아낼 수 있어요. 연구진은 100℃, 0.8% 소금물에 10분 삶아 알 덴테로 된 두 가닥이 떨어져 있는 길이가 20.01mm라고 밝혔어요. 왜 이런 현상이 나타날까요?

이는 모세관현상 때문이에요. 모세관현상은 중력과 상관없이 물과 같은 유체가 가느다란 관을 타고 올라가는 현상을 말해요. 마치 물컵에 꽂은 빨대 안으로 물이 저절로 올라가는 것처럼 말이에요. 물은 표면장력이 커서 물 분자가 가능한 한 좁은 표면적을 갖도록 배열해요. 그래서 물을 조심스럽게 컵에 가득 채우면 어느 정도까지는 넘쳐흐르지 않고 볼록하게 솟아 있거나, 물방울이 동그랗게 맺히지요.

이처럼 물 분자끼리는 서로 끌어당기는 응집력이 작용해요. 그런데 물이 다른 물체와 만나면 물과 물체가 서로 끌어당기는 부착력이 생겨요. 이때 부착력이 응집력보다 크면 빨대 안 물처럼 두 물체의 사이에 있는 물은 오목한 모양으로 더 높이 올라가게 된답니다. 스파게티 면 두 가닥 사이에 갇힌 물도 마찬가지예요. 물의 응집력, 그리고 스파게티 면과의 부착력 때문에 모세관현상이 일어나 면이 붙는데, 이때 두 면이 떨어진 길이가 20.01mm일 때 알 덴테 상태였던 거예요.

오늘 손님이 많아서 파스타가 늦게 나오고 있어요. 잠깐 면 이야기를 더 해도 되겠어요.

스파게티는 우리에게 익숙한 종류의 파스타예요. 나폴리에서 시작된 스파게티는 대략 2mm 직경의 원통형으로 가늘고 깁니다.

어느 날 물리학자 리처드 파인만은 스파게티 건면을 보면서 한 가지 의문을 품었다고 해요. '왜 스파게티 면은 항상 세 조각 이상으로 부러질까?' 많은 사람이 파인만처럼 스파게티 면의 양 끝을 잡고 부러뜨렸는데 항상 세 조각 이상으로 잘리고 두 조각으로는 잘리지 않는 것을 확인했어요. 여러 과학자가 스파게티 면을 부러뜨려 본 끝에 2005년 드디어 그 원인이 밝혀졌답니다.

원인을 알아낸 사람은 파리6대학의 바실 오돌리, 세바스티안 노이키르슈 박사였어요. 공기 중 탄성체의 움직임을 통해서 말이죠. 탄성은 변형이 생길 때 원래대로 돌아가려는 성질을 말해요. 용수철이나 고무줄이 대표적인 예지만, 스파게티 면도 이런 탄성을 지녔어요. 면의 양 끝을 잡고 구부리면 중심 근처에서 굴곡이 가장 심해지다가 끊어져요. 그리고 끊어지는 순간 원래의 직선 상태로 돌아가려는 탄성이 나타납니다. 이렇게 다시 원래의 형태로 돌아가려는 탄성력으로 인해 스파게티 면의 다른 부분이 부서지고 말아요. 스파게티 면은 가늘고 기니까요. 과학자들은 이 내용을 '짧은 막대의 역학을 설명한 키르히호프의 방정식'이란 수식으로 설명했어요. 사소하지만 오랜 난제를 푼 공으로 두 과학자는 2006년 이그노벨상을 수상했어요. 이그노벨상은 매해 엉뚱한 연구를 한 과학자를 선정해서 주는 상이랍니다.

그렇게 스파게티 면 논란은 끝이 난 듯했어요. 2016년이 되기 전까지는요. 미국 코넬대학교 수학과 대학원생 로널드 헤이서와 MIT 대학원생 비샬 파틸은 이 오래된 문제를 다시 계산했어요. 그리고 스파게티 면을 두 동강 내는 데 성공했답니다! 비밀은 스파게티 면을 살짝 비틀어 한쪽 면을 안쪽으로 당겨서 부러뜨리는 거예요. 정확히 말하자면 스파게티 면을 270~360도로 천천히 비튼 뒤 초당 3mm의 속도로 천천히 면을 구부려야 해요. 그러면 스파게티 면이 두 조각으로 부러진답니다. 비틀린 스파게티 면이 돌아오는 복원력이 구부러진 부분이 펴지는 복원력보다 빨리 일어나서 후자의 에너지를 상쇄시키는 거예요. 당연히 면이 추가로 쪼개질 힘이 생길 수 없지요.

부서진 스파게티 면을 치우는 게 중요하지, 몇 조각인지가 뭐그리 중요하냐고요? 하지만 이 '스파게티 면 난제'는 우리 일상에서 흔히 볼 수 있는 상황에서 과학적 질문을 찾아냈기 때문에의미가 있습니다. 주변 현상을 탐구하고 끊임없이 파헤치다 보면 결국 해답은 나온다는 사실! 이것이 바로 탐구 정신이지요. 게다가 이러한 사소한 의문에서 시작된 해답은 다른 곳에도 적

FAIL

SUCCES
270~360°

용될 수 있어요. 이 스파게티 면 연구로 탄소 나노 튜브의 강도를 높이거나 건축물의 강도를 높이는 방법을 알아냈거든요.

음, 이제 주문한 파스타가 나왔어요. 그럼 한입 먼저 먹고 이야기할게요.

액체 황금, 올리브유

파스타 본연의 맛을 느낄 수 있는 요리는 바로 알리오 올리오일 거예요. 달군 팬에 올리브유를 두르고 마늘을 볶아 향을 낸 뒤, 알 덴테로 삶은 스파게티 면을 넣어 버무리기만 하면 되니까요. 마른 고추인 페페로치노로 매콤한 맛을 내기도 하지만, 다른 어떤 소스도 들어가지 않아요. 마늘, 소금, 올리브유, 스파게티 면으로만 맛을 내는 파스타는 오직 알리오 올리오뿐이랍니다. 특히 올리브유는 이런 알리오 올리오에서 스파게티 면의 맛을 돋보이게 하지요.

올리브유는 올리브 나무의 열매를 갈아 압착해서 얻은 기름입니다. 올리브 열매는 그 자체로는 떫어서 절임으로 먹거나 기름을 낼 때만 쓰여요. 올리브를 재배하기 시작한 것은 약 5,000년에서 7,000년 전이에요. 수 세기 동안 지중해의 주요 교

역품이었던 올리브는 식용 기름, 화장품, 등을 밝히는 기름, 질병을 치료하는 약품 등으로 다양하게 쓰였답니다. 그리스의 시인 호메로스가 올리브유를 '액체 황금'으로 불렀다는 기록에서 얼마나 많은 사람이 올리브를 중요하게 생각했는지 알 수 있어요. 올리브는 종교와 문화, 권력의 상징이 되어 교황이나 왕이 즉위할 때 올리브유를 이마에 바르기도 했답니다.

올리브유가 식품으로서 큰 사랑을 받아 온 것은 바로 올리브유에 가장 많이 포함된 지방산 덕분이에요. 지방산은 생명체를 구성하는 지방의 구성 성분으로, 탄소와 수소가 결합한 사슬이 길게 연결되어 있어요. 올리브유에 포함된 지방산은 올레산이에요. 탄소와 수소로 된 사슬만 있을 경우 포화지방산이라 하고, 탄소와 탄소의 이중결합을 가진 지방산을 불포화지방산이라고 한답니다.

올레산은 불포화지방산인 데다가 탄소와 탄소의 이중결합을 하나만 갖는 단일 불포화지방산이어서 산소와 반응성이 좋지 않아요. 또한 항산화 물질인 비타민E와 비타민K도 함유하고 있어 잘 산화되지 않지요. 지방산이 산화되면 맛이 변하고 몸에 해로운 물질이 생성돼요. 이러한 연유로 올레산은 오랜 항해를 견디고 멀리 퍼져 나갈 수 있었어요. 게다가 소기름 같은 포화지방산이 상온에서 고체로 존재해 동맥경화를 유발할 수 있는 데 반

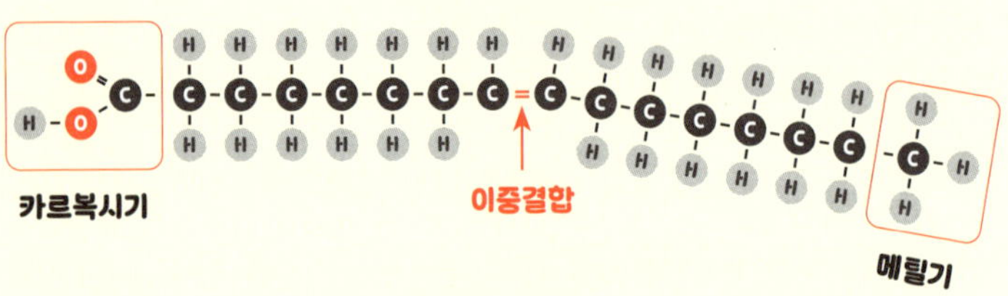

지방산의 구조
이중결합 구조를 가진 불포화지방산은 포화지방산과 달리 쉽게 산화된다.

해, 올레산은 상온에서 액체 상태로 존재하기 때문에 상대적으로 안전하답니다.

올리브유에는 올리브 열매를 직접 압착해 기름을 짜는 압착 올리브유, 화학적인 방법으로 불순물을 없앤 정제 올리브유, 그리고 이 둘을 혼합한 혼합 올리브유가 있어요. 압착 올리브유는 다시 두 가지로 나뉘는데, 산도 0.8% 이하의 가장 신선한 '엑스트라 버진', 산도 2% 이하의 '버진' 올리브유가 있답니다. 또 혼합 올리브유는 '퓨어', 정제 올리브유는 '리파인드'와 '포마스' 올

리브유로 불려요. 이 중 엑스트라 버진은 가장 등급이 높은 올리브유로, 발연점이 낮고 항산화 물질이 풍부해요. 녹황색에 신선한 향기가 나서 샐러드의 드레싱이나 파스타 요리에 자주 쓰이지요. 발연점이 비교적 높은 퓨어 올리브유는 튀김 요리에, 가장 낮은 등급의 올리브유는 염색 공업에 쓰인답니다. 버려지는 것이 하나도 없지요?

오늘도 마늘 향에 신선한 풀내음이 나는 알리오 올리오로 맛있게 잘 먹었습니다!

만능 향신료 가득, 그린 커리

그린 커리, 쏨땀, 똠양꿍, 망고 찹쌀밥, 팟타이…. 미식의 나라로 유명한 태국(타이)에는 맛있는 먹거리가 넘쳐 나지요. 인도차이나반도 중앙에 위치한 세계적인 곡창지대에 열대 과일도 풍부합니다. 다문화, 다종족 국가답게 다양한 식문화를 갖고 있어요. 굴 소스로 맛을 낸 볶음 요리와 카레 요리가 많은 것은 중국, 인도와 교류했기 때문이지요. 그밖에 포르투갈과 주변 동남아 국가들의 영향도 받았어요. 다채로운 식문화를 꽃피운 태국 음식의 특징을 간단히 볼까요?

태국에서는 쌀을 주식으로 부식인 반찬을 상에 한 번에 차려 먹어요. 생선, 닭고기, 채소가 주재료이며 기름을 적게 사용하고, 가지각색의 소스와 향신료를 사용해요. 매운맛, 짠맛, 신맛, 단맛이 모두 조화를 이루는 특징을 갖고 있답니다.

1996년 우리나라에 처음 태국 식당이 문을 연 이래로 태국 요리를 쉽게 접할 수 있게 되었어요. 오늘 점심은 혀끝에 감도는 새콤한 맛이 매력적인 태국 음식으로 정했어요.

그린 커리는 태국의 대표적인 카레 요리예요. 걸쭉한 초록색 액체는 마치 마녀가 끓인 마법 수프 같기도 하지만 매콤하고 향긋하지요. 신선한 향신료가 듬뿍 들어 있거든요. 후추, 고수 씨와 뿌리, 쿠민, 치파고추, 카피르라임 껍질, 갈랑갈, 레몬그라스, 마늘, 샬롯 등의 향신료를 돌절구에 찧어 페이스트를 만든 다음 코코넛 밀크, 고기나 채소를 넣어 끓인 뒤 밥과 함께 먹어요. 기온이 거의 일정한 태국에는 사시사철 푸르른 채소가 자라요. 익히지 않은 여러 향신료를 그대로 사용하기 때문에, 향신료를 볶아 건조한 가루를 쓰는 인도보다 맑고 신선한 풀의 향이 느껴집니다.

그린 커리 말고도 레드 커리, 옐로우 커리가 있는데, 요리에 넣는 고추의 색에 따라 카레의 색깔도 달라져요. 그린 커리는 초록색 치파고추, 레드 커리는 붉은색 치파고추, 옐로우 커리는 강황으로 색을 낸답니다. 튀긴 게를 넣은 뿌팟퐁 커리는 강황으로 색을 낸 요리지요.

카레는 다양한 향신료를 적절히 배합해 만드는 요리예요. 특별히 정해진 비율이 없어 집집마다 카레 맛은 조금씩 다르답니다. 고대 인도, 인더스문명에서 카레를 먹은 흔적이 발견되었다

고 하니 4,000년이 넘는 역사를 가진 셈이지요. 인도에서 동남아시아, 동북아시아, 유럽에까지 전해져 각기 다른 스타일로 발전했기 때문에 태국, 일본, 영국의 카레는 제각기 다른 특색을 가졌어요. 카레가 시작된 인도에서도 고수, 쿠민, 카옌페퍼, 강황 등 기본이 되는 향신료에 카다몬, 정향, 흑후추, 계피 등을 적절히 배합해 만들어요. 이렇게 다양한 카레가 있다니, 시중에서 파는 카레 가루를 끓여 먹는 우리에게는 낯선 향신료가 많지요?

실제로 요리에 쓰는 향신료는 이보다 훨씬 더 많답니다. 인도와 동남아시아에서는 오랫동안 다양한 향신료로 요리해 왔어요. 향신료 없이 요리하던 유럽에 향신료가 전해지자 세계의 역사가 바뀌게 된답니다. 향신료 맛을 본 유럽 사람들은 향신료의 원산지를 선점하기 위해 대항해시대를 열고 전쟁을 불사하지요. 후추, 육두구, 정향 등은 1온스(28g)가 같은 무게의 금으로 거래될 만큼 아주 귀한 대접을 받았으니까요. 스페인 출신의 탐험가 콜럼버스는 후추를 찾기 위해 떠난 대항해에서 신대륙을 발견하고, 두 번째 항해에서는 고추를 들여와요. 스페인의 탐험가 마젤란은 육두구와 정향을 차지하기 위해 태평양을 횡단했지요. 향신료 경쟁에서 승리한 스페인은 300여 년간 세계 최강의 제국이 될 수 있었어요.

도대체 왜 향신료가 이렇게 귀한 대접을 받게 되었을까요? 후

세계사 속 향신료
왼쪽 위에서부터 시계 방향 순으로 정향, 육두구, 고추, 후추.
유럽 열강은 향신료를 선점하기 위해 각축전을 벌였다.

추와 같은 향신료는 냉장고가 없던 시절 최고의 천연 살충제이자 방부제 역할을 했답니다. 고기의 잡내를 없앨 뿐 아니라 벌레도 쫓고, 음식이 쉽게 상하지 않게 하거든요. 향신료가 이런 기능을 할 수 있는 것은 바로 향신료의 분자구조 때문이에요. 후추의 성분인 피페린, 다양한 고추의 매운맛 성분인 캡사이신, 육두구의 성분인 아이소유제놀, 정향의 성분인 유제놀은 모두 탄소 6개로 구성되어 벤젠고리를 형성하는 방향족화합물이에요. 이런 분자구조는 곤충에게 독성을 띠거나 항균 효과가 좋은 활

어메이징 타이

성 부위를 포함하고 있답니다. 또한 고추의 캡사이신은 매운맛을 내고, 후추의 피페린도 통각 신경을 자극하는 물질이어서 다른 동물이 싫어해요. 향신료의 매콤하고 향긋한 맛에 중독된 인간과는 달리 말이에요.

절구로 빻아야 제맛! 새콤달콤 쏨땀

깡, 깡, 깡, 깡! 퍽, 퍽, 퍽! 태국의 주방에서 흔히 들리는 절구 소리예요. 쏨땀을 만들 때도 요란한 소리가 끊이지 않아요. 쏨땀의 쏨은 '시다', 땀은 '빻다'라는 뜻이거든요.

쏨땀은 그린 파파야로 만든 태국식 무침 요리예요. 태국 동북부인 이산 지역의 음식이지만 태국 전역에서 즐겨 먹지요. 그린 파파야는 덜 익은 파파야로, 과육이 주황색이 아닌 흰색이랍니다. 절구에 마늘과 쥐똥고추(프릭끼누)를 넣고 빻다가 태국 동북부식 피시소스, 팜슈가, 타마린소스와 라임으로 짠맛, 단맛, 신맛을 내요. 채를 썬 그린 파파야와 당근을 그린빈, 방울토마토, 건새우 등을 빻은 것과 함께 버무린 다음 땅콩을 뿌리면 쏨땀 완성! 태국의 어떤 요리와도 어울리는 상큼한 맛으로 비타민C가 풍부하답니다.

　　사시사철 비타민C를 섭취할 채소와 과일이 난다는 것은 축복받은 일이에요. 우리는 겨울 동안 부족한 채소를 섭취하기 위해 김치와 장아찌를 담가 저장해 먹잖아요. 앞서 살펴본 대항해시대, 선원들이 가장 어려움을 겪었던 건 거센 파도 탓도 있지만, 오랜 항해 동안 신선한 과일과 채소를 섭취하지 못했기 때문이었어요. 비타민C가 부족한 선원들은 출혈과 피로감을 느끼는 것으로 시작해 심하면 사망에 이르기도 했지요. 이때만 해도 비타민의 존재가 알려지지 않았어요. 태평양을 항해하던 영국의 탐험가 제임스 쿡 선장이 괴혈병에 걸린 선원들이 오렌지 주스를 마신 후 증상이 개선되는 걸 보고, 주스의 어떤 성분이 병을 낫게 했다고 추측할 뿐이었지요. 비타민C가 발견된 건 한참 뒤였어요. 이제 비타민 같은 소량의 물질이 인체에 없어서는 안 될 중요한 역할을 한다는 것도 알려졌어요.

　　오래 보관하지 않고 먹을 때마다 비타민C가 풍부한 채소와 향신료로 요리하는 태국에서는 절구가 필수예요. 과거 우리나라에서는 쌀을 찧어 떡을 만들거나 곡식의 껍질을 벗길 때 절구를 사용했어요. 요즘에는 간혹 마늘을 빻을 때나 절구를 쓰지만요. 태국에서는 카레 페이스트를 만들 때처럼 재료를 완전히 짓이길 때는 화강암으로 된 돌절구를 쓰고, 쏨땀과 같이 살짝 짓이겨 버무릴 때는 나무로 된 절구를 사용해요. 돌절구로 빻으면

칼과 절굿공이의 압력
힘이 동일할 때, 단면적이 작은 칼은 단면적이 큰 절굿공이에 비해
재료(마늘)에 더 큰 압력을 가할 수 있다.

깡, 깡, 깡! 강한 소리가 나고, 채소를 넣고 빻으면 퍽, 퍽 둔탁한
소리가 나지요.

절구를 사용하면 정말 요리가 더 맛있는지 궁금할 거예요. 칼
로 잘게 다지거나 믹서기로 손쉽게 갈 수도 있는데 말이지요. 절
구로 빻아 만든 음식이 더 맛있게 느껴지는 건 정성 덕분이기도
하겠지만, 사실은 압력 때문이랍니다. 재료에 가해지는 압력 말
이에요. 압력은 단위면적에 작용하는 힘을 말해요. 같은 힘이 작
용한다고 해도 재료에 닿는 단면적이 작은 날카로운 칼은 재료
에 더 큰 압력을 주지요. 큰 압력을 받은 재료는 한 번에 잘려요.
반면에 단면적이 큰 절굿공이는 약한 압력을 가하기 때문에 세
포벽을 한 번에 자르지 못하고 짓눌러 천천히 파괴해요. 세포벽

이 잘리지 않아 섬유소의 식감은 유지되고, 짓눌리며 재료의 즙이 터져 나와 요리에 맛을 더하지요.

이와 달리 믹서기는 칼날이 빠르게 회전하며 재료를 순식간에 잘라요. 그래서 재료마다 고유한 식감을 느낄 수 없는 죽 상태가 되어 버린답니다. 또한 믹서기로 가는 동안 칼날에서 열이 발생해 휘발성 분자가 날아가는 등 맛에도 영향을 미치지요. 싱싱한 채소와 향신료가 주로 쓰이는 태국 요리에서는 칼이나 믹서기보다 절구를 사용하는 것이 재료의 식감과 맛을 살리기 좋답니다.

똠양꿍 속 새우는 왜 단맛이 날까?

세계인이 좋아하는 태국의 대표 요리에는 똠양꿍이 있어요. 똠은 '끓이다', 얌은 '새콤한 맛', 꿍은 '새우'라는 뜻으로, 똠양꿍은 새우를 넣어 끓인 새콤한 요리를 말하지요. 새콤, 매콤, 달콤한 맛이 조화로운 요리랍니다.

똠양꿍은 맵거나 맵지 않게, 부드럽게 등 다양하게 만들 수 있어요. 모든 똠양꿍에 공통적으로 들어가는 향신료는 레몬그라스, 갈랑갈, 카피르라임으로, 이것들을 '똠양꿍 세트'라는 이름

똠양꿍

으로 묶어 팔기도 하죠. 새우 껍질과 레몬그라스, 갈랑갈을 끓여 국물을 내고, 여기에 태국식 고추장인 남프릭파오와 피시소스로 간을 맞춰요. 손질한 새우와 채소를 넣고 쥐똥고추로 맵기를 조절한답니다. 카피르라임 이파리에서 잎줄기를 제외한 잎 부분만 찢어 넣고 먹기 직전에 라임 즙을 짜 넣으면 완성! 매콤한 새우탕과 비슷하지만, 새콤한 맛이 이국적인 똠양꿍의 주인공은 바로 달짝지근한 새우예요.

　동남아시아 중심부에 있는 태국은 동쪽으로는 태국만을, 서쪽으로는 안다만해를 끼고 있어요. 남중국해와 인도양과 연결되어 있지요. 또 육지에는 차오프라야강, 메콩강 등의 강과 하천도 많아요. 이러한 태국의 바다와 강에는 새우가 많이 산답니다. 새우 양식장도 많지요. 블랙타이거새우, 흰다리새우, 바나나새우 등 다양한 바다 새우를 비롯해 민물 새우인 징거미새우도 볼 수 있어요. 꿍파우(새우구이), 팟타이꿍(새우 볶음면), 꿍옵운센(새우 잡채) 등 다양한 새우 요리가 발달했답니다.

새우가 들어간 요리 중 맛이 없는 요리를 찾기는 어려워요. 일식에서 흔히 사용하는 새우 중에는 '단'새우라는 이름이 있을 정도로 독특한 단맛은 새우가 가진 특징입니다. 새우에서 단맛이 나는 이유는 새우 안에 있는 글리신 때문이에요. 글리신은 아미노산의 한 종류로 단맛과 감칠맛을 내지요.

이러한 새우의 글리신이 바닷물의 삼투압을 견디게 해 준다는 사실! 바닷에 사는 생물이라면 대부분 겪는 어려움이 있어요. 바닷물의 농도는 보통 3.5% 정도인데 바다 생물의 체액 농도는 그보다 낮아서 삼투압 현상이 일어난다는 거예요. 즉 상대적으로 농도가 낮은 바다 생물의 체내 수분이 고농도의 바닷물로 빠져나간다는 이야기지요. 이 현상을 막기 위해 새우와 같은 갑각류는 체액 속에 글리신을 많이 함유하고 있어요. 그러면 체액의 농도가 높아져 삼투압 현상이 일어나지 않는답니다.

물론 바닷속에서 사는 다른 어류에도 글리신이 있어요. 하지만 육지 동물처럼 대부분 아미노산을 단백질로 합성해 근육에

저장하기 때문에 글리신의 양이 적어요. 그편이 보다 안정적이기 때문에 오래 저장하기에 유리하지요. 에너지를 낼 때나 신경전달물질 혹은 결합조직이 필요할 때 다시 아미노산으로 분해하면 되니까요. 어류가 아미노산 농도가 낮음에도 불구하고 바닷물의 삼투압을 견딜 수 있는 것은 바닷물을 많이 마시고 신장을 통해 거른 뒤 적게 배출하기 때문이에요. 아가미에서 염분을 내보내기도 하고요.

글리신은 다른 갑각류보다도 새우에 훨씬 많이 함유되어 있어요. 글리신 덕분에 많은 사람이 좋아하는 독특한 단맛과 감칠맛이 나지요. 새우 껍질을 까면 만져지는 끈적끈적한 액체에 글리신이 들어 있어요. 따라서 새우의 단맛을 온전히 느끼고 싶다면 새우를 씻을 때는 껍질을 까기 전에 씻는 것이 좋답니다. 똠양꿍을 새콤, 매콤, 달콤한 요리라 하는 이유를 알겠지요?

이제 디저트를 먹을 시간이군요!

열대 과일의 천국이니까, 달콤한 망고 찹쌀밥

찹쌀밥 한 덩이, 먹기 좋게 잘린 잘 익은 노란 망고, 그리고 약간의 코코넛 밀크. 주문한 망고 찹쌀밥이 나왔어요. 먼저 노란 망고 위에 코코넛 밀크를 살짝 뿌려요. 깨끗이 씻은 손으로 찹쌀밥을 작게 뭉쳐 망고와 함께 먹어 볼까요? 쫀득하고 달콤한 맛이 마치 과일을 넣은 찹쌀떡 같기도 해요.

망고는 동남아시아와 인도에서 흔히 볼 수 있는 아열대기후, 즉 열대 과일이에요. 우리나라 경상남도에서도 망고 재배에 성공했지만 아직 마트에는 수입 망고가 더 흔해요. 보통 우리나라 식품점에는 애플망고와 태국 골드망고라 불리는 남독마이망고 정도가 있는데, 세상에는 1,000여 종이나 되는 망고가 있다고 해요.

태국에서는 망고를 '마무앙'이라 불러요. 망고 찹쌀밥에는 잘 익은 노란색 망고를 사용해요. 그런데 망고가 흔한 태국에서는 덜 익은 초록색 망고도 먹는답니다. 물론 덜 익은 망고는 시고 단단하지만, 소금과 설탕을 섞은 양념에 찍어 상큼한 맛으로 먹기도 하고 쏨땀을 만들 때 그린 파파야 대신 넣기도 해요. 또 피클을 담가 먹기도 하지요.

그래도 누군가 익지 않은 초록색 망고를 건넨다면 쉽게 먹기는 힘들 거예요. 초록색 단감을 먹으면 떫은맛 때문에 입안이 텁텁하고, 덜 익은 복숭아를 먹으면 자칫 배탈이 나기도 하잖아요. 초록색일 때 따더라도 보통은 공기 중에 오래 두어 잘 익은 색이 나고 과육이 부드러워질 때 먹는 게 익숙하니까요.

과일이 익는 것은 과일을 숙성, 노화시키는 식물호르몬이 있

에틸렌
망고 찹쌀밥

기 때문이에요. 보통 에틸렌이 그 역할을 하지요. 망고도 마찬가지예요. 에틸렌은 과일에 있는 녹말을 포도당과 과당으로 분해하는 아밀레이스를 활성화해 단맛을 내요. 또 구연산, 말산과 같은 유기산이 감소해서 신맛이 줄어요. 껍질에 있는 엽록소를 분해해 노란색이나 주황색으로 변하지요. 휘발성 화합물을 생산해 달콤한 향을 만드는 것도 에틸렌의 역할입니다. 에틸렌은 펙틴을 분해해 단단한 과육을 부드럽게 만들어 주기도 해요.

나무에 달린 망고는 이런 과정을 통해 익어 가는데, 망고를 딴 이후에도 동일한 효과가 나타납니다. 절단면의 기공을 통해 에틸렌이 그대로 나오기 때문이지요. 에틸렌은 한번 생성되면 스스로 합성을 촉진시키는 성질이 있거든요. 그래서 초록색 망고를 따서 그대로 두어도 다른 과일처럼 후숙을 통해 망고가 노랗고 달콤하게 익습니다. 이는 과일마다 조금씩 달라요. 사과, 복숭아, 자두 등은 에틸렌을 많이 내뿜고, 키위, 감, 수박 등은 에틸렌의 영향을 많이 받지요. 사과와 초록색 바나나를 함께 보관하면 사과에서 나온 에틸렌으로 인해 바나나가 노랗게 변하기도 해요. 이런 후숙 작용 때문에 덜 익은 과일을 따서 유통하는 일이 많아졌어요. 과일이 단단하면 유통하기도 편하고 빨리 상하지도 않으니까요.

그런데 망고는 다른 과일과는 달리 아밀레이스를 처음부터

갖고 있어요. 그래서 덜 익은 망고라 하더라도 먹을 수 있는 거예요. 물론 아밀레이스를 갖고 있다 하더라도 신맛은 여전하기 때문에 많이 먹을 경우 위에 자극을 줄 수 있으니 주의해야 하지요.

그런데 잘 익은 망고로 만든 달콤한 망고 찹쌀밥은 식사일까요, 디저트일까요? 매콤한 똠양꿍을 먹은 뒤에 즐기는 달콤한 음식이니 디저트가 맞는 것 같습니다. 오늘도 맛있게 잘 먹었습니다!

7 든든 버거

세트로 먹을까, 단품으로 먹을까?

한 입 크게 베어 물면 두툼한 고기에 상큼한 양상추와 토마토, 달짝지근한 양파 맛이 어우러지는 햄버거! 우리나라에는 1970년대 미군 부대를 통해 햄버거가 들어왔어요. 프랜차이즈 업체들이 생겨난 건 1980년대였지요. 널리 알려진 글로벌 프랜차이즈부터 현지화된 국내 프랜차이즈 체인에 더해, 직접 패티를 만들어 굽는 수제버거 가게까지 이제 주변에서 햄버거 가게를 찾는 건 어렵지 않답니다.

햄버거는 전 세계 패스트푸드의 대명사예요. 미리 만들어 둔 재료를 굽기만 해서 내놓기 때문에 주문 후 몇 분 만에 나오거든요. 빨리 먹을 수 있고, 어느 매장에 가도 같은 맛이 나는 게 큰 장점이지요. 이와는 달리 빠르지는 않지만, 직접 소고기 패티를 만들어 굽고, 다양한 재료를 넣은 수제버거도 인기랍니다. 햄버거 가게만큼이나 메뉴도 다양해요. 치즈 버거, 새우 버거, 오징어 버거, 불고기 버거, 치킨 버거, 밥 버거 등 다양하지만 햄버거는 역시 다진 소고기로 만든 소고기 패티가 기본 아니겠어요? 오늘 저녁은 소고기 패티가 들어간 햄버거로 정했어요!

햄버거는 빵 사이에 다진 소고기로 만든 패티를 구워 넣은 음식이에요. 양상추, 양파, 토마토, 피클 등 다양한 부재료가 들어가지만, 뭐니 뭐니 해도 햄버거의 주인공은 바로 고기를 잘게 다져 만든 소고기 패티랍니다.

소고기를 잘게 다져서 먹은 기록은 고대 이집트부터 시작됩니다. 몽골의 칭기즈칸도 양고기를 다져 납작한 패티로 만들어 먹었어요. 기마민족이었던 칭기즈칸이 말 위에서 간편하고 부드럽게 먹기 좋은 음식이었거든요.

고기는 단백질로 구성된 근섬유 다발과 이를 감싸고 있는 콜라겐 결합조직, 그리고 지방으로 이루어져 있어요. 근섬유와 결합조직이 이로 한 번에 끊어지지 않아 쫄깃한 식감을 느낄 수 있지요. 쫄깃함 때문에 고기를 먹기도 하지만 소화하는 데 시간이 걸려요. 소화는 음식물을 몸에 흡수할 수 있도록 영양분으로 잘게 부순 뒤 흡수하는 과정이지요. 입 안에서 이로 잘게 잘린 고기는 위와 소장에서 분비되는 소화액을 만나 영양분으로 분해되고, 소장에서 흡수돼요. 그러니 쫄깃한 고기를 잘 소화시키려면 오래 씹어야 해요.

고기를 잘게 다지면 근섬유와 결합조직이 끊어진 상태로 우

타르타르스테이크(왼쪽)와 햄버그스테이크(오른쪽)
다진 고기를 즐겨 먹던 몽골족의 식문화는 러시아와 독일을 거쳐
오늘날 햄버거에 이르렀다.

리 몸에 들어오기 때문에 소화되기가 훨씬 쉬워요. 잘게 부서진 고기는 표면적이 커지거든요. 한 변의 길이가 2m인 정육면체의 표면적, 즉 겉넓이는 24m³이지만, 이를 잘라 한 변의 길이가 1m인 정육면체 8개로 만들면 자른 정육면체의 겉넓이는 48m³가 되는 것처럼 말이에요. 같은 원리로 고기를 잘게 자르면 겉넓이가 커지고 소화액과 더 많이 접촉하게 되어 소화작용이 훨씬 잘 일어난답니다. 그러니 말 위에서 주로 생활했던 칭기즈칸에게는 다진 고기 패티가 소화하기 더 수월했을 거예요.

소화되기 쉬운 이 고기 패티는 러시아로 전해졌어요. 러시아에서는 다진 생고기에 양파와 달걀을 넣어 타르타르스테이크로 먹었답니다. 그리고 타르타르스테이크가 독일 함부르크(Hamburg)에 전해져 햄버그스테이크(Hamburg Steak)로 변신했지요. 햄버그스테이크는 품질이 낮은 고기를 잘게 다져 향신료를 섞어 구워 먹은 요리로, 선원들이 항구에서 즐기던 길거리 음식이었어요. 이 무렵 독일과 유럽의 상인길드인 한자동맹이 맺어지면서 햄버그스테이크는 '신대륙', 즉 오늘날의 미국에까지 전해진답니다.

햄버그스테이크는 미국에도 소개되었지만 큰 인기를 얻지는 못했어요. 그러다 1880년대 미국에 소고기가 대량 공급되면서 햄버거가 유행합니다. 질이 좋지 않은 소고기를 다져 갖은양념을 한 햄버그스테이크가 미국 노동자들에게 퍼져 나갔고, 이를 빵 사이에 넣어 먹으며 우리가 아는 햄버거의 역사가 시작된 거예요.

케첩의 변신은 무죄!

햄버거와 함께 주문하는 프렌치프라이! 프렌치프라이는 감자를 가늘고 길게 잘라 기름에 튀긴 음식이에요. 우리나라에서는 구황작물이었던 감자를 주로 쪄 먹었지만, 기름에 튀겨 먹는 나라가 많답니다. 그래서 나라마다 이름도 곁들여 먹는 소스도 다르지요.

미국에서는 프랑스로부터 감자튀김을 들여왔기 때문에 프렌

치프라이(french fries)라 부른답니다. 서로 감자튀김의 원조라 주장하는 프랑스와 벨기에에서는 폼프리츠 또는 프리츠라 불러요. 프랑스에서는 소금과 케첩을 뿌려 스테이크에 곁들여 먹고, 벨기에에서는 두툼하고 불규칙하게 잘라 튀긴 감자를 마요네즈에 찍어 먹어요. 네덜란드의 감자튀김은 파탓인데 굵게 썬 감자를 두 번 튀겨 케첩, 마늘 소스, 카레 등과 함께 먹어요. 캐나다에서는 감자튀김 위에 그레이비소스와 치즈를 올린 푸틴이, 영국에서는 생선가스에 감자튀김을 곁들여 먹는 피시앤칩스가 유명하답니다. 요즘 한국에서도 프렌치프라이에 토마토케첩을 곁들이지요.

케첩은 토마토뿐 아니라 채소와 과일에 설탕, 소금, 향신료를 넣어 만든 소스를 말해요. 중국 광둥성에서 생선에 소금, 식초, 향신료 등을 넣고 만든 소스에서 시작되었지요. 액젓 같은 이 소스가 '케치압(Ke-tsap)'이었는데, 말레이시아에서는 '매운 생선 절임 소스'라는 이름의 '케캅(Ke-chap)'으로 불리며 18세기 네덜란드 상인들에 의해 유럽으로 전해졌어요. 이것이 유럽에서 굴, 홍합, 호두, 자두, 셀러리 등 다양한 재료로 오래 보관이 가능한 '케첩(Ketchup)'이 되었지요. 그중 가장 많이 먹는 토마토케첩이 대표적인 '케첩'이고요.

토마토케첩은 잘 익은 토마토에 양파, 마늘, 식초, 향신료를 넣고 끓여 만들어요. 오래 끓이면 걸쭉해지는데, 이처럼 걸쭉한 액체는 점도가 높아 잘 흘러내리지 않는답니다. 오늘날에도 다양한 케첩을 선보이고 있는 기업 '하인즈'는 1876년 처음으로 토마토케첩을 유리병에 담아 생산했어요. 하지만 끝까지 먹기 어려웠어요. 마개를 닫고 병을 탁탁 쳐야만 바닥에 있던 케첩이 입구 쪽으로 흘러나오니까요. 이후 케첩은 말랑말랑한 플라스틱 용기에 담겨 생산되었어요. 그래도 여전히 케첩이 조금 남았을 때는 유리병과 마찬가지로 병을 툭툭 치거나 입구 쪽으로 흔드는 등 힘을 가해야 흘러나와요.

케첩 병을 쳐야 하는 이유는 케첩의 점도와 관련이 있어요. 점도란 끈적이는 정도를 나타내는 말로, 가해지는 힘에 저항하는 정도를 말해요. 물은 점도가 낮아 기울면 금방 흐르지만 케첩은 점도가 높아 기울여도 금방 흐르지 않아요. 물이나 알코올처럼 단일 물질로 이루어진 액체는 외부에서 가해지는 힘과 흐르는 물체, 즉 유체의 변형 정도가 비례해요. 일정한 온도와 압력에서 아무리 힘을 가해도 점도가 변하지 않는 뉴턴유체지요. 반면에 가해지는 힘에 따라 점도가 변하는 물체를 비뉴턴유체라 해요. 비뉴턴유체에는 가해지는 힘이 셀수록 점도가 강해지는 물질과 약해지는 물질이 있답니다.

케첩은 힘을 가할수록 점도가 약해지는 비뉴턴유체예요. 그

래서 가해지는 힘에 따라 유체의 변형, 즉 흐름이 달라져 힘을 가할 때만 흐른답니다. 힘을 가하면 토마토의 섬유질에 있는 분자 간 수소결합이 끊어지기 때문이에요. 반면 감자튀김을 먹기 위해 짜 놓은 케첩은 잘 흐르지 않지요. 케첩이 담긴 그릇에 특별히 힘을 가하지 않는다면요.

건강이 걱정되지만 단맛을 포기할 수 없다면

햄버거뿐 아니라 치킨, 피자 등 패스트푸드의 영원한 단짝, 콜라. 시원한 콜라의 톡 쏘는 달콤함은 기름기로 인한 느끼함을 잡는 데 안성맞춤이에요.

콜라의 첫 등장은 1886년이었답니다. 한 약제사가 두통을 치료하기 위해 콜라를 만들었어요. 다양한 탄산음료가 '약'으로 둔갑해 팔리던 때니 약제사가 콜라를 만든 것이 이상한 일은 아니었지요. 콜라가 인기를 얻자 '코카콜라'라는 이름을 붙여 더 이상 두통약이 아닌 음료로 팔게 되었지만요. 처음 코카콜라가 생산되었을 때와 지금의 코카콜라는 성분도 맛도 달라졌어요. 하지만 콜라나무 열매의 카페인, 톡 쏘는 탄산과 달콤한 맛은 지금까지 변하지 않고 있어요. 디카페인이나 다이어트 콜라가 생산

튼튼 버거

되기 전까지는요.

콜라의 단맛은 설탕과 시럽, 액상과당에서 나온답니다. 나라마다 제조사마다 단맛을 내는 방식은 조금씩 다르지만요. 하지만 탄산음료의 액상과당이 건강에 좋지는 않아요. 지나치게 높은 열량을 내어 당뇨병이나 심혈관 질환을 일으킬 수 있으니까요. 물론 당분으로 인해 충치가 발생하는 것도 문제이지요.

1950년대 인공감미료가 개발되면서 설탕 없이 단맛을 내는 음료를 선보였습니다. 1964년 펩시콜라에서 다이어트 콜라를 선보인 데 이어 1982년 코카콜라에서도 다이어트 콜라가 출시되었지요. 최근 몇 년 전부터 다시 설탕이 '제로(0)'인 일명 제로 슈가 음료(이하 제로 음료)가 인기를 끌고 있어요. 콜라뿐 아니라 거의 모든 탄산음료, 아이스티, 식혜까지도 제로 음료로 나오고 있지요.

제로 음료의 가장 큰 특징은 설탕이 없는데도 단맛이 난다는 거예요. 설탕이나 액상과당처럼 우리 몸에서 분해, 흡수되는 당 대신 대체당을 사용하기 때문에 단맛을 느낄 수 있어요. 인공감미료인 수크랄로스, 아스파탐, 아세설팜칼륨과 천연당인 알룰로스, 당알코올인 에리트리톨 등이 제로 음료의 단맛을 담당하지요. 초반의 대체당이 설탕의 단맛과는 달라 소비자의 인기를 끌지 못했다면, 요즘은 대체당을 여럿 조합해 설탕과 비슷한 단

다양한 제로 슈가 음료

맛을 낸답니다. 이런 대체당은 몸속에서 분해, 흡수되지 않거나 아주 적은 열량을 내기 때문에 칼로리나 당분에 대한 부담이 없어요.

햄버거와 감자튀김에 콜라를 마음껏 먹을 수 있다니, 이보다 기쁜 일이 또 있을까요? 하지만 안심할 수는 없다는 사실! 최근 인공감미료가 혈당 변화와 장내 미생물에 영향을 준다는 연구가 나오며 건강 문제가 제기되고 있어요. 단맛에 익숙해진다는 것도 문제지요. 단맛에 익숙해진다면 건강에 좋은 슴슴하고 담백한 음식과 친하게 지내는 데 방해가 될 수도 있으니까요.

칼로리표를 보면, 햄버거를 세트로 시킬지, 혹은 단품으로 시킬지 고민되지 않나요? 종류에 따라 차이는 있지만 햄버거는 대략 582kcal, 프렌치프라이는 324kcal, 제로 콜라는 0kcal 정도예요. 제로 콜라가 포함된 햄버거 세트를 먹는다면 섭취하는 열량은 906kcal 정도가 되겠네요.

하루 에너지 필요량은 15~18세 기준 남성의 경우 2,700kcal, 여성의 경우 2,000kcal예요. 하루 2,000kcal를 섭취할 경우 세 끼를 먹는다고 가정하면 한 끼에 500~600kcal와 간식으로 200~300kcal를 섭취하는 게 좋답니다. 만약 햄버거 세트로 끼니를 해결한다면 거의 두 끼 분량의 열량을 섭취하게 되는 거예요. 다른 영양 성분을 생각하지 않더라도 햄버거 세트로 자주 식사하는 것이 좋지 않은 이유랍니다. 햄버거를 먹고 싶다면 프렌치프라이를 빼고 먹는 것이 더 좋겠지요? 프렌치프라이는 맛있지만, 그 열량은 사라지지 않거든요. 이 문제를 열역학제1법칙으로 알아볼까요?

열량은 물체가 가진 열의 양, 에너지의 양을 말해요. 물체에 열이 가해지면 온도가 올라가는데, 가해진 열의 양을 열량이라 하지요. 열량의 단위는 cal(칼로리)랍니다. 1cal는 물 1g을 1℃ 올리는 데 필요한 열량이에요. 그러니까 햄버거 세트를 먹으면 우리는 906kcal, 즉 물 1g을 906,000℃, 물 1kg을 906℃ 올리는 데 필요한 열량을 먹는 셈입니다.

햄버거가 우리 몸에 들어와 열량을 내기까지의 과정은 햄버거를 소화하는 것에서부터 시작돼요. 햄버거 세트를 먹으면 입에서 잘게 부수어 입, 위와 소장에서 분비되는 소화액으로 아미노산, 포도당, 지방산과 등으로 분해된 영양분들이 소장의 융털에 있는 모세혈관과 암죽관을 통해 흡수돼요. 흡수된 영양분은 세포의 미토콘드리아에서 ATP 에너지로 전환되어 저장돼요. 우리는 이 에너지로 신체활동을 하고 성장한답니다.

이처럼 우리가 햄버거를 먹어 소화시키고 에너지를 만들어 쓰는 것은 열역학제1법칙으로 설명할 수 있어요. 열역학제1법칙은 고립계의 전체 에너지가 일정하게 유지된다는 법칙이랍니다. 외부와 단절된 어떤 공간(계)이 있다고 할 때, 전달된 에너지의 총합은 계의 내부 에너지 증가량과 같아요. 열기관에서 기계를 작동할 때 외부로부터 열에너지(Q)를 받고, 역학적 의미의 일(W)을 해서 에너지 일부를 사용했다고 생각해 봅시다. 그렇다면 열기관이 받은 전체 열량(Q)은 내부 에너지 증가량 (ΔU)에 일의 양(W)을 더한 값과 같다는 뜻이지요. 복잡해 보이지만 간단해요. 에너지는 생성되거나 소멸되지 않고 그 양이 보존된다는 것을

의미한답니다. 식으로 나타내면 다음과 같아요.

$$Q = \Delta U + W$$

에너지보존법칙은 제임스 줄과 헬름홀츠에 의해 정리되었어요. 먼저 줄은 1cal의 열에 해당하는 일의 양을 측정하려고 노력했어요. 양조장 집 아들이던 줄은 추의 낙하 운동을 이용해 통 안의 물을 휘젓는 장치를 만들고, 물의 온도가 얼마나 올라가는지 실험했지요. 이를 통해 낙하하는 추의 역학적 에너지가 열에너지로 바뀐다는 것을 에너지보존법칙으로 설명하고, 1cal의 열량이 약 4.2J의 에너지를 발생시킨다는 것을 계산했답니다. 제임스 줄은 그 공으로 에너지 단위에 자신의 이름 줄(J)을 붙일 수 있게 되었어요.

공교롭게도 이와 동시에 마이어와 헬름홀츠도 에너지보존법칙을 설명했습니다. 의사였던 마이어는 열대 지역에 사는 사람들의 정맥피가 유럽 사람들보다 붉은 것에 주목했어요. 정맥피는 산소가 많을수록 붉게 보이기 때문에, 이는 열대 지역 사람들의 혈액에 산소가 더 많다는 것을 의미합니다. 사람이 섭취한 음식물은 호흡작용을 통해 얻은 산소와 반응해 체내에 열을 발생시키고, 그 열은 사람이 일을 하는 과정에서 사용된답니다. 열대 지역에서는 열을 이용해 체온 유지를 할 필요가 없기 때문에 혈액에 산소가 더 많이 남아 있던 거지요. 열이 섭취한 음식물에 의해 발생하고, 그 열로 다시 일을 할 수 있다는 사실을 밝힌 거예요.

헬름홀츠는 동물 실험을 통해 음식이 열을 발생시키고 일에 사용된다는 것을 밝히고 수식으로 정리했답니다. 줄과 마이어, 헬름홀츠는 서로 독립적으로 다른 과정을 통해 비슷한 시기에 같은 결과를 이끌어 냈어요. 음식의 열량은 사람의 몸에서 에너지로 전환될 수 있고, 그렇게 만들어진 에너지는 이유 없이 사라지거나 생겨나지 않고 그 총량이 보존된다는 거예요.

햄버거 세트를 먹으며 얻은 906kcal는 약 3,805,200J이에요. 이는 25℃의 물 12.08kg을 끓일 수 있고, 60W 전구를 약 17시간 37분 동안 켤 수 있으며, 20Wh의 아이폰 배터리를 약 52.85회 충전하고, 70kg의 성인이라면 시속 25km로 약 1시간 10분 동안 자전거를 탈 수 있는 에너지랍니다. 물론 손실 없이 모두 에너지로 전환되었다고 가정했을 때의 이야기지만요. 열역학제1법칙에 의해 우리가 먹은 햄버거 세트의 열량은 소화되어 ATP 에너지로 전환돼요. 신체 활동을 하거나 내부에서 다른 일에 소모하지 않는다면 우리 몸에 남는답니다. 보통 포도당이나 지방으로 축적되지요.

아무래도 햄버거는 세트보다 단품으로 먹어야겠지요? 당과 지방이 과도하게 축적되면 건강에 이상을 가져오니까요. 그래도 꼭 세트를 먹고 싶다면 에너지를 소모하는 신체 활동, 운동을 하자고요!

8 초록 식당

콩으로 만든 고기에서도 고기 맛이 날까?

복숭아 샐러드, 채소 비빔밥, 가지 카레, 고사리 파스타, 두부 강정, 송이버섯 만두, 오렌지 소스를 곁들인 콩으로 만든 치킨. 모두 채소로만 이루어진 음식이에요. 채소는 인간이 먹기 위해 재배한 두해살이풀을 말하지요. 자연적으로 나는 산채를 제외하고 우리나라에서 자라는 채소는 약 60여 종이에요. 호박, 가지, 오이, 수박처럼 열매를 먹는 열매채소, 상추, 케일, 배추처럼 잎을 먹는 잎채소, 양파, 파, 아스파라거스, 죽순 등 줄기를 먹는 줄기채소, 당근, 고구마, 무처럼 뿌리를 먹는 뿌리채소 등 먹는 부위는 채소마다 영양분도 다양하답니다.

식물은 광합성으로 무기 환경의 에너지를 유기물로 만드는 유일한 생물이에요. 그래서 지구에 있는 모든 생물은 식물에서 비롯되었다고 해도 과언이 아니죠. 특히 채소는 비타민과 섬유질이 풍부해요. 미량이지만 우리 몸에 없어서는 안 되는 비타민을 섭취하기 위해서라도 꼭 채소를 먹어야 해요. 채소의 종류만큼이나 다양한 채소 요리를 먹을 수 있는 식당이 늘고 있어요. 채식주의자가 늘고 있기도 하고요. 오늘은 채식 레스토랑에서 신선한 한 끼를 먹어 볼게요.

채식주의자는 육식을 피하고 식물로 만든 요리를 먹는 사람을 말해요. 음식뿐만 아니라 동물성 제품의 사용 역시 지양합니다. 채식의 역사는 오래되었어요. 물론 사냥을 시작하기 전까지만 해도 선조들은 모두 채식을 했겠지만, 자신의 주관에 따라 채식주의자가 된 사람들의 이야기예요. 불교의 창시자인 고타마 싯다르타도 제자들과 채식에 관한 이야기를 많이 나누었고, 고대 그리스의 수학자 피타고라스도 채식에 관한 의견을 펼쳤다고 해요. 그래서 채식주의자라는 말이 생기기 전에는 채식주의자를 피타고라스를 따르는 사람이라는 뜻으로 '피타고리언'이라고 했답니다.

채식을 결심하는 이유는 다양해요. 그중 하나는 바로 동물의 권리를 생각하기 때문이지요. 사람들이 육식을 선호하면서 공장식 축산에 대한 문제가 제기되었어요. 좁디좁은 '닭장'에서 산란 촉진제를 맞으며 매일 알을 낳아야 하는 닭들은 제 수명을 다하지 못해요. 몸을 거의 움직이지 못할 정도로 비좁고 비위생적인 우리에서 돼지는 항생제를 맞으며 몸을 키워야 해요. 연한 스테이크 한 조각을 위해 미처 성장을 마치기도 전에 어린 송아지의 생명을 앗아 가기도 하지요. 푸아그라라고 하는 간을 인간에게

내주기 위해 우리에서 목만 내놓고 살찌워야 하는 거위도 있어요. 이 동물들 역시 인간과 같이 고통을 느낄 수 있다는 사실이 밝혀지면서 채식을 결심하는 사람들이 늘고 있지요. 동물들이 넓은 땅에서 자유롭게 살 수 있도록 사육 환경을 개선하라는 목소리도 높아지고 있어요.

채식을 결심하는 또 다른 이유는 환경 문제예요. 가축을 기르는 과정에서 심각한 환경오염이 발생하거든요. 축사에서 배출되는 폐수는 토양과 수질을 오염시키고, 소의 방목지에서는 소를 먹일 엄청난 양의 풀이 필요하지요. 이러한 초원에서 다른 풀은 자라지 못하고, 결국 몇 해가 지나면 더 이상 아무것도 자라지 않게 돼요. 사료를 먹여 키우는 소도 마찬가지예요. 오직 소고기를 먹기 위해 인간이 먹는 양보다 훨씬 많은 양의 사료를 곡물로 충당하고 있지만, 지구촌 한쪽에서는 굶주리는 사람들이 많아요. 사료를 실어 나르는 비행기와 배의 탄소 배출로 지구는 점점 뜨거워지고요.

게다가 믿기지 않겠지만 소와 같은 반추동물의 트림과 방귀로 인해 지구온난화를 일으키는 온실가스인 메탄가스도 배출돼요. 소 한 마리가 한 해 동안 내놓는 온실가스의 양이 자동차 한 대의 배기가스 양과 비슷하다고 하니, 소 방귀 때문에 지구가 뜨거워진다는 말은 과장이 아니랍니다. 소고기 한 접시를 위해서 사람이 먹어야 할 곡물이 축산에 사용되고 온실가스와 탄소가 배출되며 지구가 망가져 가는 것을 막아 보자는 거예요.

그렇다고 채식주의자들이 풀만 먹는 건 아니에요. 채식에도 다양한 단계가 있답니다. 비건은 가장 엄격하게 채식을 실천하는 사람을 말해요. 동물의 살코기뿐만 아니라 동물성 성분이 들어간 음식도 섭취하지 않지요. 락토오보, 오보, 락토 베지테리언은 모두 동물의 살코기를 먹지 않는다는 점에서는 같지만, 락토오보 베지테리언은 달걀과 유제품까지, 오보 베지테리언과 락토 베지테리언은 각각 달걀과 유제품까지 먹는다는 차이가 있어요. 페스코 베지테리언은 육고기는 먹지 않지만 수산물, 달걀, 유제품까지 섭취하고, 폴로 베지테리언은 붉은 살코기는 먹지 않지만 흰 살코기와 수산물, 달걀, 유제품까지 섭취해요.

여기에 식물도 고통을 느낀다고 생각해 오직 과일과 곡식만 먹는 프루테리언도 있어요. 최근에는 지구 환경과 동물의 권리를 생각해 육식을 줄이거나 일정 기간 육식을 하지 않는 플렉시테리언도 늘고 있답니다. 국물 요리가 많은 한국에서는 고기 육수는 허용하되 덩어리 고기를 먹지 않는 새로운 유형의 채식, '비덩주의'도 있어요. 완벽하지는 않아도 자신의 자리에서 할 수 있는 최대한의 노력을 하는 것이지요.

채식의 종류가 정말 많죠? 어렵게 생각할 필요는 없어요. 우

리가 살아갈 지구를 위해, 함께 사는 동물을 위해 각자 할 수 있는 만큼 실천하면 되니까요. 먼저 일주일에 한 끼, 한 달에 하루, 고기 먹지 않는 날을 정해 보는 것도 좋은 방법이에요. 저도 가끔 채식 식단을 즐긴답니다. 오늘은 특별히 비건 레스토랑에서 비건 메뉴를 주문해 볼게요.

알록달록 비빔밥 채소에서 발견한 생명력

주황색 당근, 하얀색 무와 콩나물, 빨간색 파프리카, 초록색 시금치, 연두색 애호박, 진한 녹색의 취나물, 연한 갈색빛 고사리. 밥 위에 알록달록한 나물이 단정하게 올라가 있어요. 고소한 통깨와 들기름을 한 바퀴 두르고 잘 숙성된 고추장을 넣어 비빈 다음, 호박잎과 두부가 들어간 된장국과 먹으면 고기 한 점 없이 맛있는 식사를 할 수 있어요.

알록달록한 채소를 고루 먹으면 다양한 영양소를 섭취할 수 있어 좋아요. 채소의 색마다 영양소가 다르기 때문이에요. 가장 자주 볼 수 있는 녹색 채소는 엽록소 때문에 초록색을 띠지요. 시금치, 브로콜리, 케일 등의 녹색 채소는 루테인, 제아크산틴, 엽산 등이 많아 항산화와 해독 작용을 한답니다.

토마토, 붉은 파프리카, 고추, 비트와 같은 빨간 채소에는 빨간색을 내는 색소인 라이코펜이 있어요. 면역력 강화와 심혈관 건강에 좋지요. 주황색을 띠는 당근, 호박, 파프리카 등에는 베타카로틴과 루테인이 함유되어 있어 눈 건강, 심혈관과 세포 건강에도 좋답니다. 보라색 채소인 가지, 적양배추, 콜라비 등에는 안토시아닌 색소가 들어 있어 항산화 작용을 하고, 심혈관 건강에 긍정적인 효과가 있어요. 흰 채소에는 알리신이 들어 있는데 마늘, 무, 콜리플라워 등이 여기에 속해요. 혈압을 낮춰 주고 심장 건강과 면역력 강화를 돕는답니다.

색소에 따라 그 효능이 조금씩 다른 것은 식물이 스스로를 지키기 위해 진화해 왔기 때문이에요. 우리나라에서 재배하는 채소는 약 60여 종이지만, 먹을 수 있는 식물은 대략 4,000여 종이나 된답니다. 지구상에 이렇게 많은 식물이 존재할 수 있는 이유는 수많은 식물이 화려한 색깔 등으로 씨앗을 옮기는 동물을 유인하는 동시에 동물로부터 스스로를 지키기 위해 독성을 만들었기 때문이에요. 예를 들어, 한국인이 좋아하는 캡사이신의 매운맛은 포식자들에게 먹히지 않기 위한 고추의 방어 전략이었지요.

채소가 쓴맛을 내는 이유도 해충이나 동물로부터 자신을 지키기 위해서입니다. 톡 쏘는 향을 지닌 키나나무 속 퀴닌, 감자

의 독인 솔라닌, 브로콜리의 강한 맛을 내는 글루코시놀레이트 등이 있지요. 또한 보라색을 띠면 강한 자외선을 막고, 독이 있는 식물로 여겨져 스스로를 지킬 수 있지요. 반면 주황색과 노란색은 동물의 눈에 잘 띄는 색으로 동물이 열매를 먹고 씨앗을 옮겨 줄 수 있도록 진화해 온 결과예요. 땅에서 움직이지 않는 식물도 사실 우리와 같이 이 땅에서 숨쉬며 제 몸을 지키는 능동적인 생명이랍니다.

이런 식물의 생명력에 감탄하며, 감사한 마음으로 식사를 해요. 단, 먼저 채소의 독성을 없애야 해요. 일부 독성은 요리하는 과정에서 없앨 수 있거든요. 나물을 물에 데쳐 요리하는 것도 식물이 지닌 독성을 줄이기 위한 방법이에요. 또 품종을 개량해 작물을 재배하면 독성을 지닌 식물이 줄어든답니다. 태양으로부터 영양분을 만들어 내는 귀한 존재인 식물이 다른 영양소도 함께 공급해 준다니 고맙지 않을 수 없어요. 오랜 시간 자신만의 방식으로 생존해 온 멋진 식물에 경의를 표하며, 비빔밥 맛있게 잘 먹었습니다!

달짝지근한 간장 양념에 구워진 불고기, 상추에 싸서 한입 먹었더니 쫄깃쫄깃 맛있어요. 여기가 비건 레스토랑이라는 걸 몰랐다면 감쪽같이 속았을 거예요. 알고 보니 콩으로 만든 불고기래요. 콩으로 고기를 만들 수 있다니 무척 신기하지요? 어떻게 콩에서 고기 맛이 날까요?

잠깐, 그 전에 고기는 어떤 맛일까요? 김치는 맵고, 귤은 새콤하고, 사탕은 달콤하고, 간고등어는 짭쪼름하고, 씀바귀나물은 씁쓸하잖아요. 사실 얼마 전까지만 해도 고기의 맛을 따로 표현하는 말은 없었어요. 우리 혀가 감지하는 맛은 짠맛, 단맛, 신맛, 쓴맛 네 가지라고 했으니까요. 혀 표면에 돋은 우둘투둘한 유두 안에는 맛봉오리(미뢰)라는 기관이 있는데, 이 맛봉오리 안에 미각세포가 모여 있어요. 미각세포가 감지하는 맛의 분자들이 들어오면 신경을 통해 뇌로 전달돼 각각의 맛을 감지하지요. 매운맛은 이와는 달리 입안 점막을 자극하는 통증으로, 떫은맛은 피부감각의 일종인 압각으로 분류됩니다.

그런데 2000년 혀에서 느낄 수 있는 맛이 하나 더 추가되었어요. 바로 감칠맛이에요. 다시마 국물에서 느낄 수 있는 감칠맛이 다섯 번째 맛으로 선정되었지요. 이 감칠맛은 1908년 발견된

확대한 유두

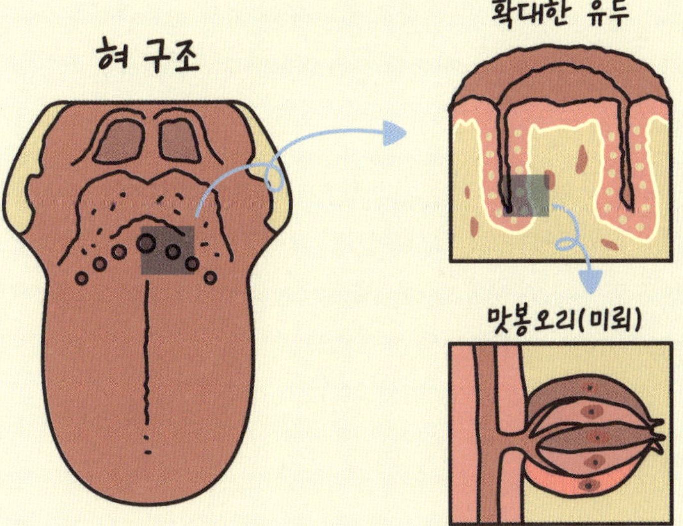
혀 구조
맛봉오리(미뢰)

'글루탐산'이라는 물질에서 나오는데 사람의 혀에서 글루탐산에 반응하는 수용체를 찾았답니다. 이 감칠맛이 바로 고기의 맛이죠. 글루탐산을 발견한 뒤 글루탐산나트륨을 합성해 조미료를 생산하기 시작했어요. 우리가 잘 알고 있는 MSG이지요. 보통 '소고기 맛'이라는 이름을 붙여 판매돼요. 글루탐산뿐만 아니라 가다랑어포에 들어 있는 '이노닌산'과 말린 버섯에 들어 있는 '구아닐산'도 감칠맛을 느끼게 하는 성분으로 추가되었어요. 그러니 콩으로 고기 맛을 만들 때는 감칠맛을 넣어 줘야 해요. 보통 글루탐산을 넣고 이노닌산과 구아닐산을 적절히 배합해 고기의 맛을 완성한답니다.

고기의 맛을 이야기하려면 맛뿐 아니라 식감도 고려해야 해요. 먼저 고기와 같은 식감을 주기 위해 밀의 글루텐을 넣습니다. 글루텐은 밀가루에 있는 단백질 복합체로 글리아딘과 글루테닌으로 이루어져 있어요. 밀가루에 물을 넣고 치대면 결이 생기면서 점성과 탄성이 생기지요. 이 밀가루 반죽을 가열하면 단백질이 변성되면서 더 단단해지기 때문에 마치 고기를 씹는 듯한 느낌이 나요. 마치 잘 반죽해서 구운 식빵이 닭고기같이 찢어지는 것처럼 말이에요.

하지만 글루텐은 알러지의 원인이 되기도 하고, 글루텐 때문에 밀가루를 먹으면 소화불량을 일으키는 사람들도 있어요. 그

래서 글루텐을 넣지 않은 일명 '글루텐 프리' 콩고기도 출시되고 있어요. 단백질을 압출해 섬유질 구조를 만들고, 수분을 넣어 고기와 같은 질감이 나도록 한답니다. 이와 같은 방법으로 불고기의 결을 살릴 수 있지요. 또한 콩뿐 아니라 곤약, 마카다미아 등 다양한 재료로 고기 맛을 내고 있어요. 쫄깃쫄깃하고 감칠맛이 도는 콩 불고기, 진짜 불고기 맛이 나는 게 착각은 아니었어요.

푸드 테크로 보는 채식의 미래

콩으로 고기를 만들고, 화학조미료 MSG로 소고기 국물 맛을 낸 스튜라면 어떨까요? 아직 MSG가 걱정이라고요? MSG가 생산되기 시작한 것도 100년이 넘었어요. 처음에는 건강에 좋지 않다는 인식이 컸지만, 세계보건기구와 미국식품의약국안전청과 유럽식품안전청에서 매일 다량 섭취만 하지 않는다면 건강에 큰 이상을 주지 않는 안전한 식품으로 분류했답니다.

여기에 동물권과 기후변화 문제로 MSG에 대한 인식이 달라지고 있어요. 소고기를 먹는 것보다 콩고기와 MSG로 맛을 낸 요리가 동물과 지구 보호를 위해서는 더 낫기 때문이지요. 이러한 생각에 발맞추어 미래를 위한 푸드 테크도 활발하게 연구되고 있어요.

푸드 테크(food-tech)는 푸드(food)와 테크놀로지(technology)의 합성어예요. 인공지능, 사물인터넷, 정보통신 기술 등과 함께 식품의 생산, 유통, 가공, 서비스, 배달, 소비에 이르는 모든 과정에 적용된답니다. 실내에서 LED 조명과 물로 공장처럼 농사를 짓고, 3D프린터가 음식을 인쇄하고, 자율주행차가 음식을 배달하는 일까지 모두 기술에 포함돼요. 세포 배양육까지도 말이지요.

세포 배양육은 실험실에서 기른 고기를 말해요. 동물의 줄기세포를 이용해 근육세포를 배양해서 고기를 만드는 것이지요. 2013년 네덜란드의 마크 포스트 교수가 처음 배양육으로 만든 소고기 햄버거 패티 시식회를 열었을 때만 해도 140g의 패티를 만드는 데 약 3억 3,000만 원이 들었지만, 이제 소비자가 구매할 수 있는 수준까지 가격이 내려갔답니다. 세포를 직접 배양해 키운 고기이니 맛이나 풍미가 다르기 때문에 이를 개선하기 위한 다양한 기술이 연구되고 있어요.

세포 배양육은 엄격히 말하면 비건 음식이라 할 수 없어요. 동물의 조직을 사용하기 때문이지요. 하지만 유연한 단계의 채식을 한다면 고려해 볼 가치가 있는 식품이랍니다. 동물의 줄기세포를 분리하는 과정에서 동물이 고통받지 않아야 하겠지만요. 세포 배양 축산은 직접 동물을 사육, 도축하지 않는다는 점

에서 기존 축산과는 다릅니다. 또한 사육하는 과정에서 온실가스 배출량이 적게 나오고, 토지는 기존 축산업의 1%, 물은 10%만 든다고 해요. 식품 안전성에 관한 연구가 진행 중이기 때문에 아직 풀어야 할 문제는 남아 있지만, 기술이 인류의 식량 문제와 환경 문제를 해결해 줄 수 있을 거라 기대해 봅니다.

채식을 하러 왔는데, 고기 이야기만 늘어놓은 듯하네요. 고기 못지않게 채소도 맛있답니다. 어떻게 먹느냐가 중요하지요!

9 살람 키친

지구를 위해 콩을 돌려 심자

천일야화, 사막, 유목민, 오일 머니, 이슬람교…, 아랍 하면 떠오르는 말이에요. 북쪽으로는 지중해, 남쪽으로는 흑해와 인도양을 끼고 있는 아라비아반도를 중심으로 펼쳐진 중동 지역은 지중해 동쪽부터 페르시아만까지 이르는 넓은 지역으로, 서아시아부터 북아프리카와 이집트를 포함한답니다. 티그리스강, 유프라테스강과 나일강 유역의 문명의 발상지를 두 곳이나 포함한 지역인 데다가 유대교, 이슬람교, 기독교가 발생한 곳이기도 하지요.

이슬람교가 발생하기 전 덥고 건조한 기후인 이 지역에 유목민이던 베두인족의 음식 문화는 검소하고 소박했어요. 하지만 이슬람교를 받아들이고 비잔틴제국과 페르시아제국을 정복하면서 북아프리카, 유럽, 인도의 음식을 접하고 화려한 음식 문화를 뽐내게 되었답니다. 흔히 접할 수 없지만 의외로 익숙한 맛도 나는 아랍 요리로 오늘 저녁을 먹어 볼게요. 참, 아랍어로 '살람'은 '평화'라는 뜻이랍니다.

아랍 식당에서는 전채 요리로 후무스가 나와요. 콩은 삶아 으깨고 레몬주스, 올리브유, 다진 마늘, 참깨 등과 섞어 만든 고소한 음식이지요. 대개 가운데를 오목하게 만든 뒤 신선한 올리브유를 뿌려 나옵니다. 올리브유와 섞어 그냥 먹거나, 샐러드와 곁들여 먹거나, 화덕에 구운 밀가루 빵에 찍어 먹기도 해요. 일반 가정의 아침 식사로 많이 먹는 후무스는 아랍 문화권에서 즐겨 먹는 요리입니다.

후무스는 주로 병아리콩으로 만들어요. 병아리콩은 노란색인데다가 병아리의 부리처럼 생겨서 붙은 이름이에요. 이집트콩이라 부르기도 하지요. 우리나라에서 거의 볼 수 없었지만, 기원전 7,500년 전부터 중동 지역에서 재배하기 시작한 이 콩은 지중해 연안의 남부 유럽, 인도, 아프리카, 중앙아메리카에서까지 즐겨 먹었답니다.

콩은 꼬투리 안에 동그란 열매가 들어 있는 재미난 식물이에요. 병아리콩, 완두콩, 강낭콩, 렌틸콩, 흰콩, 검은콩, 누에콩, 작두콩 등 색도 모양도 종류도 다양해요. 콩을 발효시켜 각종 장을 담그기도 하고, 두부를 만들기도 하는 등 다양한 요리로 변신한답니다. 대표적인 단백질 식품인 콩은 영양 면에서도 뛰어나고

건강식품으로 알려졌어요.

콩은 우리 몸뿐 아니라 지구에도 좋다는 사실! 콩은 지구상에서 공기 중의 질소를 생물이 이용할 수 있도록 만드는 귀한 식물입니다. 식물이 자라는 데는 물과 햇빛을 비롯해 탄소, 수소, 산소, 질소, 황, 인, 칼륨, 칼슘, 마그네슘, 철 등의 영양소가 꼭 있어야 해요. 보통 물에 녹아 있는 무기염류를 흡수하며 필요한 원소를 얻지요. 하지만 질소의 경우는 다르답니다.

질소(N)는 단백질을 합성하는 데 꼭 필요한 원소로, 우리 대기의 78%를 차지하는 질소(N_2)의 형태로 존재해요. 숨쉬는 데 필요한 산소보다 많지요. 문제는 공기 중의 질소는 너무 안정적이어서 다른 물질과 반응하지 않는다는 거예요. 그리고 식물은 질소를 그대로 흡수하지 못한답니다. 공기 중의 질소를 식물이 흡수할 수 있도록 바꾸려면 번개와 같은 강한 에너지가 필요해요. 하지만 번개가 매일 치지는 않기 때문에 농작물이 자라는 밭에는 식물이 흡수할 수 있는 질소가 부족해질 수 있어요. 질소가 부족한 땅에서 농작물은 자라지 못하고, 식량 부족으로 기근이 나타나기까지 한답니다.

화학자들은 공기 중의 질소를 식물이 이용할 수 있는 형태로 만드는 방법을 연구해 왔어요. 이를 '질소고정'이라 하는데, 질소를 질산이나 암모니아 형태로 만드는 공정을 찾아 비료를 만들려고 했어요. 독일의 화학자 프리츠 하버는 가장 효율적인 방법으로 공기 중의 질소를 암모니아로 바꾸는 하버·보슈법을 개발해서 1918년 노벨상을 받았답니다. 질소 비료가 식물과 인류에게 얼마나 중요한지 알겠지요?

그런데 식물 중에는 스스로 질소고정을 할 수 있는 것도 있답니다. 박목, 참나무목, 장미목에 속하는 일부 식물과 콩이에요. 콩의 뿌리에는 뿌리혹박테리아가 살고 있어요. 이 뿌리혹박테리아는 공기 중의 질소를 식물이 흡수할 수 있도록 암모니아로 만들어 준답니다.

뿌리혹박테리아가 바꾼 암모니아로 단백질을 합성해 콩이 생장할 수 있어요. 박테리아와 공생 관계를 맺고 질소고정을 하는 콩은 한해살이풀이에요. 한 해 동안만 자라 열매를 맺고 씨를 남기지요. 하지만 콩이 수명을 다한 후에도 고마운 뿌리혹박테리아들이 만든 암모니아는 흙 속에 풍부하게 남는답니다. 그래서 질소가 풍부한 비옥한 땅에 농사를 지으려면 한 해는 콩을 심으면 돼요. 콩이 남긴 질소 가득한 땅에서 작물이 토양을 산성화하는 화학 비료 없이도 잘 자랄 수 있을 테니까요. 지구를 위해 콩을 돌려 심는 농사 방법이지요.

3
암모니아가
단백질로 변화
1
공기 중의 질소가
뿌리혹박테리아에 의해
뿌리로 흡수
2
뿌리에 흡수된 질소가
암모니아로 변화

아랍 국가들에는 다양한 종교가 존재하지만, 가장 널리 퍼진 종교는 이슬람교예요. 이슬람교를 믿는 무슬림은 이슬람 율법을 따르는 것을 중요하게 여긴답니다. 생활, 문화의 전반뿐 아니라 음식 문화에서도 예외는 아니죠. 이슬람교는 절제를 중요한 덕목으로 꼽고 있어요. 그래서 음식에서도 허용된 음식과 허용되지 않은 음식을 정해 두었고, 무슬림은 전 세계 어느 나라에 있든 이를 따라요. 이슬람에서는 허용된 음식을 '할랄', 금지된 음식을 '하람', 그리고 권장되지 않는 음식을 '마크루'라고 한답니다. 금지된 음식인 하람에는 죽은 고기, 돼지고기, 피가 있어요. 그리고 이슬람에서 정한 방법에 따라 잡은 고기가 아니라면 모두 깨끗하지 않은 하람으로 정해요. 생선과 해산물은 지역에 따라 하람과 할랄의 규정이 다르답니다.

잘 알려져 있다시피 돼지고기는 이슬람의 대표적인 금기 식품이에요. 그래서 무슬림과 식사할 때 삼겹살을 주문하면 큰 무례입니다. 아랍 지역에서 돼지고기가 금기된 것은 이슬람교가 발생하기 이전부터였어요. 고대 페니키아, 이집트, 바빌로니아 문화권에서는 돼지를 더러운 동물로 여겨 기르지도 먹지도 않았는데, 이는 돼지가 척박한 환경에서 인간과 같은 곡식이나 대

추야자를 함께 먹는 경쟁자였기 때문이에요. 소나 양이 마른 풀만 먹고 밭일을 하는 것과 비교되지요. 여기에 돼지고기를 금기한 유대교의 문화가 이슬람에 유입된 뒤 이슬람 경전에서도 돼지고기 섭취를 금지하고 있습니다.

고온 건조한 기후에서 체온을 낮출 진흙이 필요한 돼지는 가축으로도 적합하지 않아요. 돼지의 기생충이 설사를 일으키는 것도 돼지고기를 금한 요인 중 하나지요. 이처럼 아랍에서의 금기 음식은 종교적인 요인뿐 아니라 고온 건조한 기후와도 연관되어 있어요.

무슬림은 다른 고기를 먹을 때도 이슬람교에서 정한 대로 도축해 할랄로 인정받은 고기만을 먹어요. 소나 양을 잡을 때 경건한 의식과 함께 동맥을 한 번에 끊어 피를 뺀 후 고기로 쓴답니다. 잔인한 방법이라고 생각할 수도 있지만, 다른 나라들에서처럼 전기로 도축할 때보다 동물의 숨을 바로 끊을 수 있다고 해요. 그러니 동물들이 고통을 느끼지 않을 수 있지요. 또 할랄로 도축을 할 때도 다른 동물이 도축되는 과정을 미리 보지 않게 한답니다. 이러한 관습은 동물이 최대한 고통받지 않도록 동물권을 인정하고 실천하는 일입니다.

이제 할랄 식품 시장은 점점 커지고 있답니다. 세계 여러 나라에서 앞다퉈 할랄 식품 시장에 뛰어들고 있어요. 이 시장에서 가장 중요한 것은 할랄 인증을 받은 식품이라는 것을 믿고 살 수 있게 하는 거예요. 우리가 소고기를 살 때 수입 소고기가 아닌 한우임을 믿고 살 수 있도록 소고기 이력제를 마련한 것처럼 말이에요. 소고기 이력제는 소의 사육 단계, 도축, 식육 포장, 판매 단계까지의 정보를 기록하고 관리하는 제도를 말해요. 이 과정에서 소고기 유통에 필요한 각종 증명서를 블록체인에 저장해 위조 걱정 없이 모바일 앱이나 웹으로 증명서 내용을 확인할 수 있답니다.

블록체인은 강력한 보안 수단으로 여겨지는 기술로, 여러 블록에 동일한 기록을 동기화해 저장하는 구조예요. 같은 정보가 담긴 블록들은 서로 체인처럼 연결된 데다 암호화되어 있어 어느 하나만 해킹한다고 해서 정보를 바꿀 수 없어요. 정보를 분산 저장해 위조, 변조할 수 없도록 안전하게 지키는 기술이랍니다. 암호화폐를 발행하는 데서 시작한 블록체인은 보안에 탁월해 농축산물 유통 단계의 신뢰성을 구축하는 데 쓰여요. 천년 넘게 이어진 할랄 식품을 인증하기 위해 블록체인을 이용하는 시대가 온 거예요.

소고기와 양고기가 먹기 좋은 크기로 잘려 긴 꼬치에 꿰어 구워져 나왔어요. 숯불 향으로 입안에 침이 고이네요. 꼬치에서 고기를 빼서 그냥 먹을지 함께 나온 피타 빵에 싸서 먹을지 고민이 되는걸요.

케밥은 작게 썬 고기를 밑간해 구운 요리를 말해요. 양고기, 소고기, 닭고기로 만들고, 채소를 곁들이기도 해요. 케밥의 기원은 정확히 전해지지는 않아요. 그리스에서는 고기를 꼬치에 꿴 수블라키가 케밥의 기원이라 하고, 아랍 지역에서도 역시 고기를 꼬치에 꿰어 구운 슈와마가 케밥의 기원이라 주장하지요. 튀르키예에서는 중앙아시아에서 유목 생활을 하던 튀르키예인의 조상이나 중세 시대 튀르키예 군대에서 케밥을 만들어 먹기 시작했을 거라 해요. 이동 생활을 하는 유목민족이 고기를 빨리 익히기 위해 작게 잘라 꼬치에 꿰어 구워 먹었을 거라고요. 어디서부터 시작되었든 케밥이 전 세계 여러 나라에서 인기 있는 음식인 건 사실이에요. 고기 꼬치구이를 마다하는 사람은 많지 않을 테니까요.

일찍이 케밥을 먹기 시작한 튀르키예에서는 케밥이 11세기에 이미 대중적인 요리가 되었고, 오스만제국 시대에 다양하게 발전했어요. 한입 크기로 썬 고기를 양념에 재워 꼬치에 끼워 구운 시시 케밥, 수직으로 세운 꼬치에 고기를 끼워 숯불 화덕에서 회전시키며 천천히 구워 잘라 먹는 도네르 케밥, 작게 썬 고기와 채소를 흙으로 만든 용기에 넣고 빵 반죽으로 뚜껑을 덮어 구운 테스티 케밥, 스튜처럼 끓여 낸 타쉬 케밥 등 다양하답니다.

케밥의 조리법은 간단해요. 고기를 올리브유, 레몬즙, 양파, 마조람, 월계수 잎, 시나몬, 올스파이스 등의 향신료로 살짝 간을 한 다음 꼬치에 꿰어 구우면 되니까요. 유목민들은 꼬치에 꿴 케밥을 땅에 꽂아 불을 피워 구워 먹었어요. 그런데 요즘 케밥은 대부분 금속 꼬치를 쓰고 있어요. 한국의 대표 길거리 음식인 어묵 꼬치가 나무 꼬치로 만들어진 것과는 다르지요. 꼬치가 금속인 이유는 불에 직접 굽다 나무가 타 버리는 걸 막을 수도 있지만, 열전도가 잘되기 때문이기도 해요. 고기의 겉은 불에 구워지고, 고기의 안쪽은 달궈진 금속 꼬치에 의해 익을 수 있으니까요.

물체의 원자 혹은 분자의 열에너지가 접촉하고 있는 옆 물체로 전해지며 열이 전달되는 현상을 열전도라고 했지요. 이때 금속처럼 열이 잘 전달되는 물질은 열전도율이 높고, 나무처럼 열이 잘 전달되지 않는 물질은 열전도율이 낮답니다. 왜 물질에 따라 열전도율에 차이가 날까요? 금속은 원자가 촘촘한 격자 구조

를 이루고 있고, 자유로이 움직이는 자유전자가 있어 열이 잘 전달되기 때문이에요. 하지만 나무는 내부에 섬유질을 포함한 공기가 많아 열이 전달되기 어렵답니다. 그래서 열전도율이 낮은 나무로 냄비의 손잡이를 만드는 거예요. 뜨거워진 냄비에 손을 데지 않으려고요.

세계에서 가장 귀한 향신료, 사프란

오늘의 마지막 요리는 돌마예요. 소금에 절인 포도잎에 다진 양고기나 콩, 쌀, 향신료를 싸서 찐 요리죠. 식혀 먹어도 따뜻할 때 먹어도 맛있답니다. 오늘 먹는 돌마는 이란식 요리지만, 그리스, 튀르키예, 아제르바이잔, 이란, 이스라엘, 이집트, 방글라데시, 인도의 벵갈, 폴란드, 루마니아, 스웨덴 등에서도 돌마를 먹는답니다.

나라마다 재료와 찍어 먹는 소스는 조금씩 다르지만 향신료와 쌀을 야채나 과일에 넣어 먹는 요리라는 점은 같아요. 포도잎이나 양배추잎에 쌀을 싸서 찌거나, 가지, 호박, 토마토와 같은 야채 또는 모과, 사과와 같은 과일의 속을 파내어 쌀과 향신료를 넣어 익혀 먹지요. 전날 각종 향신료와 양파, 마늘, 식초에 절인 고기로 만든 케밥과 함께 돌마를 먹는 거예요.

오늘 먹을 이란식 돌마는 쌀을 사프란, 말린 라임, 시나몬, 파슬리 등의 향신료와 함께 조리한 요리예요. 쌀을 향신료로 요리한다니 하얀 쌀밥을 주로 먹는 우리에게는 낯설지만, 이란을 비롯한 중동 지역이 수천 년 동안 향신료 무역의 중심이었다는 것을 생각하면 이상한 일도 아니지요. 아라비아사막에 달지 않고 자극적인 향신료가, 지중해 동부 연안에 산뜻한 향신료가 있다면 비옥한 땅을 가진 이란에서는 세계에서 가장 비싼 향신료인 사프란이 재배되고 있답니다.

아름다운 보랏빛 사프란 꽃 한 송이에는 빨간 암술 세 개가 나요. 이 빨간 암술을 따서 말린 것이 바로 사프란이에요. 1g의 사프란을 얻기 위해서는 200~500개의 암술이 필요하답니다. 꽃을 따서 말리는 과정이 모두 수작업으로 이루어지니 귀할 수밖에 없어요. 금값과 견주어지는 비싼 값을 치러야 한답니다. 클레오파트라는 사프란 향을 낸 말젖으로 목욕을 했다고 하고, 사프란은 황금빛을 내기 위한 염료로도 쓰였기 때문에 오랫동안 귀한 대접을 받아 왔어요.

그리스, 스페인과 모로코, 아프가니스탄 등에서 나며 이란에서 사프란의 90%가 생산됩니다. 사프란을 넣은 쌀도 노란빛을 띠는데, 사프란에는 사향 향이 나고 쓴 맛이 나는 피크로크로신,

꿀향이 나는 사프라날, 유칼립투스 향이 나는 시네올, 솔향이 나는 피넨이 들어 있어요. 어느 향신료와도 비교할 수 없는 독특한 성분과 향을 지녔기에 대체 불가, 귀한 향신료로 여겨져요.

사프란 가닥을 그대로 음식에 넣기만 한다면 향료 성분이 제대로 우러나지 않아요. 귀한 향신료를 쓸 때는 적은 양으로도 최대의 향과 색을 우려내는 게 중요하지요. 우려낸다는 것은 어떤 용매에 녹는 특징을 가진 성분을 그 용매에 녹여 추출하는 거예요. 먼저 표면적을 넓히기 위해 사프란을 절구에 넣고 간 다음 물에 20분에서 24시간 동안 담가요. 그러면 물에 녹는 성분이 추출된답니다. 여기에 식용 알코올을 조금 넣어 주면, 물에는 녹지 않지만 알코올에 녹는 성분까지 모두 추출할 수 있어요. 마지막으로 향을 내는 분자들이 지방에 녹을 수 있도록 우유를 넣으면 사프란의 향과 색을 모두 추출할 수 있답니다. 귀한 향신료로 요리한 향긋한 돌마, 잘 먹었습니다!

10 스위츠 카페

초임계유체를 만난 디카페인 아메리카노

맛있게 밥을 먹었다면 이제 디저트 타임! 디저트는 식사 맨 마지막에 먹는 음식을 말해요. 디저트라는 말도 '테이블을 치운다.'라는 뜻의 프랑스어인 '데세르비르(Desservir)'에서 비롯되었지요. 우리는 식사 후 달콤한 풍미로 입맛을 정리하기 위해 디저트를 먹어요. 치즈, 케이크나 쿠키, 아이스크림 같은 달콤한 음식과 생과일까지 모두 디저트에 포함되지요.

디저트의 역사는 아주 오래되었어요. 음식의 종류가 다양하지 않았던 고대에도 우연히 꿀이 묻은 과일이나 견과류를 디저트로 먹었다는 기록이 있으니까요. 하지만 설탕이 매우 귀하고 비싼 시대에 달콤한 디저트는 부유한 사람들만이 즐길 수 있는 특별한 음식이었답니다. 설탕의 가격이 내려가고 수천 가지에 달하는 달콤한 디저트들은 이제 누구나 즐길 수 있는 음식이 되었지요. 자, 오늘은 어떤 달콤함으로 식사를 마무리할까요?

크림과 젤리 중간 정도의 탱글탱글하고 부드러운 푸딩은 영국의 대표 디저트예요. 벌집 모양 틀에 구운 바삭바삭한 와플에 과일과 아이스크림, 그리고 초콜릿 시럽을 얹어 먹는 브뤼셀 와플은 벨기에를 대표하는 디저트지요. 잘랐을 때 단면이 나이테처럼 생긴 바움쿠헨은 독일에서, 살구잼이 들어간 스펀지케이크에 초콜릿을 덧입힌 자허토르테는 오스트리아에서 즐겨 먹는답니다.

젤라토는 이탈리아 메디치 가문의 파티에 빠지지 않았던 디저트였고, 소설 《나니아 연대기》에 나오는 견과류가 들어간 달콤한 튀르키시 딜라이트는 튀르키예의 대표적인 디저트인 로쿰이지요. 대만에서는 파인애플 잼을 넣은 펑리수를, 태국에서는 바나나와 연유를 넣어 구운 바나나로띠를 먹어요. 커스터드 크림 위의 캐러멜을 깨어 먹는 크렘 브륄레, 속이 빈 과자에 크림을 넣은 에클레르, '겉바속촉'의 원조 쿠안아망 등 프랑스 디저트는 말로 다 할 수 없을 만큼 많답니다.

코스로 즐길 만큼 다양한 디저트 문화를 꽃피웠던 프랑스의 디저트 중 우리와 친근한 것은 마카롱일 거예요. 매끈하고 바삭한 동그란 과자 안에 잼, 가나슈 등 달콤한 필링이 들어 있는 파리지앵 스타일의 마카롱은 20세기 제과점 '라 뒤레'에서 시작되

었어요. 하지만 마카롱의 역사는 그보다 훨씬 오래전 이탈리아 혹은 프랑스에서 출발했지요. 표면이 소보로처럼 울퉁불퉁한 마카롱, 덜 달고 쫄깃한 비스킷 형태의 마카롱, 배꼽을 연상시키는 작은 구멍이 있는 마카롱 등 그 종류도 다양하답니다.

어떤 마카롱이든 마카롱의 가장 큰 특징은 밀가루를 전혀 사용하지 않고 만드는 코크에 있지요. 코크는 마카롱의 과자 부분으로, 달걀흰자로 낸 거품에 설탕과 아몬드 가루를 넣어 만들어요. 이때 달걀흰자로 낸 거품인 머랭이 마카롱의 매끈하고 가벼운 식감을 완성해 준답니다. 머랭을 만드는 방법은 간단해요. 달걀흰자에 설탕을 넣고 계속 저어 거품을 내면 돼요. 부드러운 거품이 단단한 상태가 되어 그릇을 거꾸로 해도 흘러내리지 않을 때까지 말이지요.

달걀흰자에서 거품이 잘 나는 이유는 단백질 성분 때문이에요. 달걀흰자의 단백질은 표면장력이 약하거든요. 앞서 이탈리안 식당에서 표면장력에 대해 알아봤던 것, 기억나나요? 표면장력은 액체끼리 서로 끌어당겨 결합 상태를 유지하는 힘이라고 했지요. 물방울이 동그란 모양을 유지하거나 컵에 물을 가득 따를 때 가운데가 볼록한 모양이 되는 건 표면장력 때문이고요. 표면장력이 약한 달걀흰자는 단백질 결합을 끊기 쉬워요. 달걀흰자를 빨리 저으면 단백질이 분리되는데, 단백질을 구성하는 아미노산 중 물을 좋아하는 아미노산은 달걀흰자의 수분과 결합하고 물을 싫어하는 소수성 아미노산은 공기와 결합하면서 거품이 생겨 머랭이 부풀지요. 이때 수분을 끌어당기는 설탕을 넣으면 안정적으로 거품이 유지되어 단백질 결합이 더욱 강해진답니다.

물론 이렇게 되기까지 거품기를 휘저으려면 강한 힘과 인내심이 필요해요. 머랭을 구우면 코크가 되고, 그 사이에 버터 크림으로 필링을 넣으면 달콤한 디저트가 완성됩니다. 물론 머랭이 마카롱을 만들 때만 쓰이는 것은 아니에요. 단단한 거품을 이루는 머랭은 케이크 반죽이나 쿠키를 만드는 데도 다양하게 쓰여요.

구름을 구우면 이런 느낌일까요? 달콤한 거품을 구운 마카롱을 한입 먹으니 바사삭하고 공기가 부서지는 소리가 나요. 구름을 타고 날아가는 기분이 드네요!

달콤하고 쌉싸름한 크렘 브륄레

톡톡, 스푼으로 단단하게 굳은 캐러멜 토핑을 깨면 부드러운 커스타드 크림이 드러나요. 부드러우면서도 바사삭하고, 달콤하고도

크렘 브륄레

쌉쌀한 프랑스 디저트, 주문한 크렘 브륄레가 나왔어요.

　크렘 브륄레는 향긋한 바닐라빈을 달걀노른자와 설탕, 물을 섞은 바닐라 크림에 넣어 만든 커스터드 크림을 작은 그릇에 담아 오븐에 살짝 굳힌 후 차게 식혀 만들어요. 맨 위에 설탕을 얇게 뿌리고 주방용 토치로 열을 가해 캐러멜 토핑을 얹어야 완성되지요. 누가 이렇게 부드러운 커스터드 크림 위에 설탕을 녹여 굳힐 생각을 했을까요? '불에 탄 크림'이란 뜻의 크렘 브륄레(crème brûlée)에 대한 기록은 17세기에도 있었지만, 19세기가 되어서야 파리의 카페에서 쉽게 맛볼 수 있을 정도로 유행했다고 해요. 물론 스페인과 영국에도 크렘 브륄레와 비슷한 '크레마 카탈라나'나 '트리니티 크림'이 있다고 하니, 그 시작이 어디인지는 정확히 알 수 없습니다. 하지만 어디에서 시작했든 크렘 브륄레가 부드럽고 달콤하다는 사실은 변치 않아요.

크렘 브륄레처럼 단맛을 강조한 디저트에는 설탕이 빠지지 않는 재료예요. 설탕이 이미 충분히 들어간 음식에 다시 설탕을 뿌리고, 설탕 시럽을 입히고, 설탕을 녹여 태우기까지 합니다. 설탕이 이렇게 디저트의 필수 재료가 된 것은 설탕이 물 분자를 끌어당기는 친수성 분자이기 때문이에요. 물 분자를 끌어당기다 보니 설탕을 넣은 케이크는 수분을 머금어 촉촉해져요. 하지만 누가 뭐라 해도 설탕 본연의 역할은 바로 '단맛'이랍니다.

설탕이 단맛이 나는 것은 포도당과 과당이 결합한 이당류인 '수크로스'이기 때문이에요. 당류 중에서 수크로스, 포도당, 과당은 혀의 유두 옆 맛봉오리에 있는 미각세포의 수용체와 결합하고, 그것의 전기신호가 신경을 통해 뇌로 전달되며 단맛을 느끼게 해요. 사람들 대부분은 이런 단맛을 좋아한답니다.

우리가 단맛을 좋아하는 데는 과학적 이유가 있어요. 포도당 때문에 혈당이 증가하면 췌장에서 인슐린이 분비돼요. 포도당을 흡수해 에너지로 사용하기 위해서지요. 이때 도파민 수용체가 활성화되는데, 도파민은 쾌락을 느끼게 하는 신경전달물질이에

요 자주 활성화될 경우 중독을 유발하기도 하지요. 반대로 뇌에
포도당이 부족하면 스트레스 호르몬인 코르티솔의 분비를 촉진
해요. 이로 인해 당분이 들어오면 기분이 좋고, 당분이 부족하면
스트레스를 느끼지요.

우리 몸이 단것을 먹으면 기분이 좋아지도록 설계된 것은 단
맛을 내는 당이 에너지원으로 사용되기 때문이에요. 곡물에 들
어 있는 탄수화물은 분해되어 포도당이 되고, 설탕의 수크로스
도 포도당과 과당으로 분해돼요. 이 포도당과 과당은 세포 내에
서 다시 분해되어 생체에너지인 ATP 에너지를 만들죠. 물론 단
백질과 지방도 우리 몸에 들어와 에너지원으로 사용되지만, 단
백질과 지방은 에너지로 사용되기 전에 축적되거나 대사 과정
이 필요한 데 반해 탄수화물은 가장 먼저 연소되어 에너지로 쓰
입니다. 따라서 우리 몸은 탄수화물을 주요 에너지원으로 선호
하고, 단맛을 좋아하도록 진화했어요. 이는 인류가 오랜 기간 진
화 과정을 거치며 쌓아 온 생존 전략의 결과랍니다.

그러나 단맛을 지나치게 좋아하면 문제가 생겨요. 우리 몸은
탄수화물이 들어오면 지방을 저장해 두고 탄수화물을 우선적으
로 연소해 에너지로 사용해요. 현대 인류는 지방을 분해할 만큼
오랜 시간 공복을 유지하지 않기 때문이지요. 이미 몸에 있는 지
방을 태우지 못하고, 맛있는 탄수화물만 계속 먹고 쓰기를 반복

하는 거예요. 단맛에 중독되면 과도한 열량 섭취로 인해 건강 전반에 부정적인 영향을 미치는 비만이 될 수 있답니다. 과유불급, 즉 지나치면 모자라느니만 못하다는 말이지요.

디카페인 아메리카노는 어떻게 만들까?

달콤한 디저트는 달지 않은 차나 커피와 궁합이 좋아요. 영국이라면 홍차를, 이탈리아에서는 에스프레소를 즐기겠지만, 우리나라에서는 누가 뭐라 해도 아이스 아메리카노지요. 시원하고 쌉싸름한 아이스 아메리카노 한 잔이면 단 디저트로 텁텁해진 입안을 말끔하게 정리해 주니까요.

잘 볶은 커피 원두에서 커피 음료를 얻는 방법은 여러 가지가 있어요. 튀르키예나 그리스에서처럼 곱게 간 원두를 물과 함께 끓여 가라앉혀 마시기도 하고, 분쇄된 커피와 뜨거운 물을 프렌치프레스에 부어 금속 필터로 거른 커피를 마시기도 해요. 종이 필터에 분쇄된 원두를 넣고 뜨거운 물을 부어 핸드드립으로 마시거나, 모카 포트의 가열된 물에서 발생하는 수증기 압력으로 에스프레소를 마시기도 합니다. 에스프레소 머신으로 증기의 압력을 이용하거나, 편리하게 캡슐화된 원두에 증기를 가해 커피

스위스 카페

를 내리기도 하지요.

이처럼 방식은 다양하지만 원두에서 커피 음료를 얻는 방법은 모두 추출이에요. 추출은 혼합물에서 용해도의 차이를 이용해 특정한 성분만을 분리하는 방법을 말해요. 커피에서는 분쇄된 원두에 부은 물에서 추출된 성분을 마시는 거지요. 커피 원두에서는 카페인, 클로로젠산, 산, 당류, 휘발성 페놀 성분, 커피오일, 카페스톨, 카웨올, 아로마 화합물 등이 추출돼요. 커피가 추출되는 데는 분쇄된 원두의 크기, 압력, 물의 온도, 젓는 방법 등 많은 요소가 영향을 미쳐요. 그래서 추출하는 방법과 시간에 따라 커피의 맛이 달라지는 거랍니다.

추출된 커피 성분 중 가장 많은 것은 바로 카페인이에요. 이 카페인 때문에 커피를 마시는 사람도 있고, 반대로 카페인 때문에 커피를 마시지 않는 사람도 있지요. 카페인은 졸음을 쫓아내고 위장 장애를 가져오기도 하니까요. 커피는 마시고 싶지만 카페인이 걱정이라면 디카페인 커피를 마시면 돼요. 디카페인 커피는 카페인을 제거한 커피를 말해요.

커피에서 카페인만 추출할 때도 카페인을 녹일 용매가 필요해요. 다이클로로메테인이나 에틸아세테이트 같은 물질이지요. 하지만 카페인을 추출한 뒤 잔여 용매가 남을 수 있고, 이를 없애려 원두를 찌고 말리면 커피의 고유한 맛이 손실되기도 합니다.

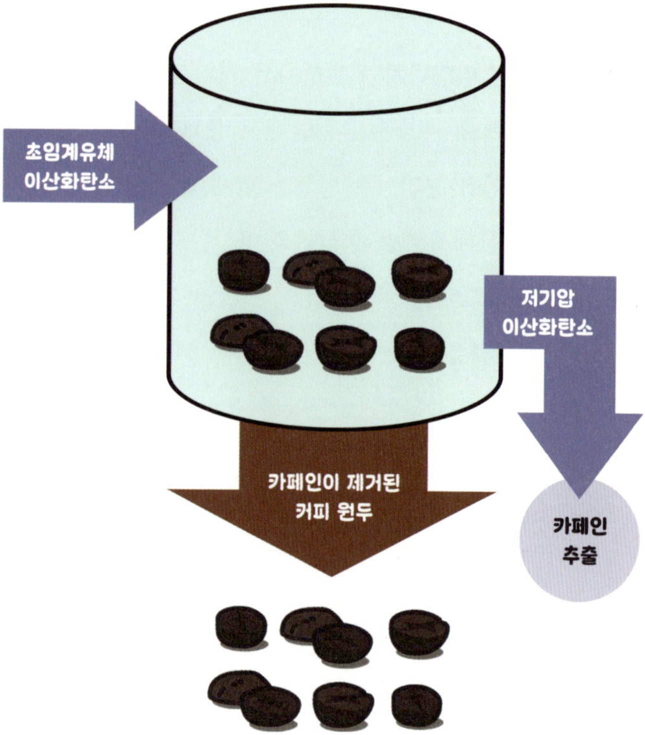

디카페인 원두의 원리
초임계 이산화탄소를 이용하면 커피 맛의 변화 없이 카페인을 제거할 수 있다.

맛의 변화 없이 카페인을 제거하기 좋은 방법은 초임계유체를 이용하는 거예요. 초임계유체는 임계점 이상의 온도와 압력에 존재하는 물질의 상태를 말해요. 물질의 온도, 압력, 부피가 변화하면 고체, 액체, 기체로 상태변화가 일어나요. 하지만 특정 온도 이상에서는 압력이 변해도 상태변화가 일어나지 않고, 특정 압력 이상에서는 온도가 변해도 상태변화가 일어나지 않아요. 이런 온도와 압력을 임계온도, 임계압력이라 하고, 임계점을 지난 상태의 유체가 바로 초임계유체입니다.

초임계유체가 되면 밀도는 액체에 가깝고 점도는 기체에 가까워지면서 분자들끼리 잡아당기는 인력이 커지며 용해력이 높아져요. 또 표면장력이 매우 작아서 확산 속도가 빨라진답니다. 이러한 성질을 이용해 질 좋은 참기름과 생맥주, 아로마 향을 추출하기도 해요. 디카페인 커피를 만들 때는 이산화탄소를 이용해요. 고온 고압의 용기에 액체 상태와 기체 상태인 이산화탄소를 넣고 가열하면 액체가 증발하며 초임계 상태에 도달하지요. 초임계유체가 된 이산화탄소는 커피에 빠르게 확산되어 카페인만을 녹여 추출할 수 있답니다.

늦은 저녁 디저트와 함께 디카페인 아이스 아메리카노, 더할 나위 없네요!

아이스 아메리카노를 마실 때 고민이 되는 점이 하나 있어요. 빨대를 사용하느냐 마느냐예요. 카페에서라면 그냥 입을 대고 마셔도 되지만, 포장 주문한 뒤 이동하거나 운전하면서 마시려면 빨대가 편리하지요. 또 컵을 잘 들지 못하는 어린아이나 노인에게도 입으로 쪼옥 숨을 들이마시기만 하면 되는 빨대가 필요합니다.

빨대는 1888년 미국에서 생산되었어요. 하지만 밀짚과 같이 속이 빈 식물의 줄기로 음료를 마신 것은 그보다 훨씬 오래되었을 거예요. 처음 빨대를 개발한 마빈 스톤도 위스키에 밀짚을 꽂아 마시던 것에서 착안했으니까요. 술잔을 손으로 잡으면 체온으로 위스키의 온도가 달라지는 것을 막기 위해 사용한 밀짚 대신 종이를 가늘게 말아 이용한 것이 빨대의 시작이었고, 곧 플라스틱 빨대가 널리 퍼지기 시작했어요.

빨대로 음료를 빨아올리는 것은 기압과 관련이 있어요. 기압은 대기의 압력이지요. 이때 대기는 지구 중력에 의해 지구를 둘러싸고 있는 공기층을 말해요. 분자 운동이 멈추는 절대 0도(0K, -273℃)가 아니라면 기체뿐 아니라 모든 분자는 스스로 움직이는 성질을 가지고 있어요. 공기를 이루는 기체 분자도 활발히 움직

높은 기압
높은 기압
낮은 기압

이기 때문에 대기의 압력이 생긴답니다. 지구 중력은 지표면에서 높이 올라갈수록 작아지기 때문에 기압 역시 높이 올라갈수록 작아져요. 이처럼 기압은 일정하지 않고 여러 요인에 의해 변한답니다. 공기가 많이 모여 기압이 높은 것을 고기압, 공기가 희박해 기압이 낮은 것을 저기압이라고 해요. 공기는 고기압에서 저기압으로 이동하는데, 이렇게 공기가 이동하면서 바람이 부는 거랍니다.

빨대를 시원한 아이스 아메리카노에 넣고 빨대 위쪽 입구에 입을 댄 채 빨아들이면, 빨대 안을 채우고 있던 공기가 입 안으로 빨려 들어가요. 그러면 빨대 안의 공기압이 아이스 아메리카노 내부의 압력보다 낮아져서 아이스 아메리카노가 빨대 안으로 이동하는 거예요. 기체나 액체는 압력이 높은 곳에서 낮은 곳으로 움직이니까요.

빨대는 이런 단순한 원리로 간단하게 만든 발명품이에요. 손을 대지 않고도 음료를 마실 수 있어 편리하지만, 빨대는 점차 사라지는 추세입니다. 플라스틱으로 만들어졌기 때문이에요. 마음대로 모양을 만들 수 있어 인류 문명의 유산으로 자리 잡은 플라스틱은 거의 썩지 않는다는 치명적인 단점이 있어요. 늘어나는 플라스틱 쓰레기 때문에 지구 환경이 오염되고 있지요. 그래서 처음 빨대가 만들어졌을 때처럼 최근에는 종이로 만든 빨대

를 다시 이용하기 시작했어요. 종이 빨대는 금방 젖어 사용하기 불편하기는 해요. 하지만 지구를 위해서라면 종이 빨대뿐 아니라 두 손으로 컵을 들고 마시는 것쯤은 충분히 할 수 있잖아요, 그렇죠?

11 진미 휴게소

기후변화가 맥반석 오징어에 미치는 영향

고속도로로 먼 거리를 이동하다 보면 출출해지기 마련이에요. 그럴 때는 휴게소가 얼마나 남았나 찾게 되지요. 1970년 김천을 지나는 경부고속도로에 추풍령 휴게소가 처음 세워진 이후 지금은 약 250여 개의 일반 휴게소가 50km, 주유소나 간이 휴게소까지 따지면 15km 간격으로 있답니다. 고속도로를 대략 20~30분 정도 달리면 휴게소를 만날 수 있습니다.

휴게소의 음식 메뉴는 처음에는 간단했어요. 우동이나 김밥 등으로 허기를 달래는 정도였지만 지금은 한우 떡 더덕 스테이크, 뽕잎 콩나물 비빔밥, 사과 수제 돈까스, 횡성 한우 국밥, 안동 간고등어 정식 등 지역 특산물로 만든 다양한 메뉴를 볼 수 있어요. 사람들은 이런 특색 있는 음식을 먹기 위해 가까운 휴게소를 지나치고 일부러 유명 휴게소를 찾아가기도 한답니다. 하지만 조사에 따르면 가장 인기 있는 휴게소 메뉴는 아메리카노와 호두과자라는 사실! 고속도로 휴게소에서 주전부리로 잠시 휴식을 취하려는 사람이 그만큼 많다는 이야기겠지요?

드디어 고속버스 기사님이 휴게소에 차를 세워 주셨어요. 휴게소에서 제가 고른 메뉴는 바로 맥반석 오징어 구이. 뜨거운 맥반석에 타지 않도록 잘 구운 오징어를 질겅질겅 씹다 보면, 잠은 달아나고 어느새 목적지에 다다르거든요.

불 위에 아이 주먹만 한 돌이 빈틈없이 깔려 있고, 그 위에 석쇠가 놓여 있어요. 석쇠 위에 반건조 오징어 두 마리가 뜨거운 열에 하얗게 익어 가고 있답니다. 특유의 오징어 냄새를 풍기면서요. 오징어 밑에 깔린 돌이 바로 맥반석이에요. 맥반석은 어두운 바탕에 밝은 무늬가 흩뿌려져 있는 암석이지요. 마치 보리밥(맥반)으로 만든 주먹밥 같다 해서 맥반석이라 불러요. 실제 맥반석은 석영, 장석 등 다른 광물을 포함한 화산암이랍니다.

맥반석은 《동의보감》에도 기록되어 있어요. 피부병이나 상처 치유에 좋은 약효가 있다고 말이에요. 하지만 실제 밝혀진 효능은 흡착을 잘해서 탈취 작용을 하고 중금속을 제거하는 정도랍니다. 맥반석이 치유 효과가 있다고 하는 것은 바로 가열된 맥반석이 원적외선을 내기 때문이에요. 오징어를 맥반석 위에서 굽는 것도, 찜질방에 맥반석을 두는 것도 바로 원적외선이 나오기 때문이지요.

빛에는 여러 파장의 빛이 있어요. 우리 눈이 감지하는 가시광선, 가시광선보다 파장이 짧아 397nm(나노미터) 이하가 되는 자외선, 파장이 750nm보다 긴 적외선, 라디오파 등으로 나누어요. 그중 원적외선은 25,000nm가 넘는 가장 파장이 긴 적외선을 말해요. 적외선뿐 아니라 원적외선도 눈에 보이지 않지요.

찜질방에 맥반석을 두는 이유는 맥반석이 내는 원적외선이 건강에 좋다고 생각하기 때문이에요. 적외선은 열작용을 하는데, 그중 원적외선이 열작용을 가장 많이 하지요. 그렇다고 인체에 특별한 효능이 있는 것은 아니에요. 적외선과 원적외선 모두 그저 열작용을 할 뿐이랍니다. 열을 복사, 방출한다는 말이에요. 원적외선을 쬐어 체온을 올리면 세균을 없애는 데 도움이 되고, 모세혈관을 확장시켜 혈액순환에도 좋지요. 그러한 작용이 몸을 치유하는 데 도움이 된답니다.

사실 맥반석뿐 아니라 모든 물체는 자신이 가진 열을 복사 형태로 내보내요. 복사는 어떤 매개를 통하지 않고 열이 직접 이동하는 것을 말해요. 캄캄한 밤에 사람을 적외선카메라로 찍으면 사람의 몸에서 나오는 적외선이 찍히잖아요. 이처럼 우리 몸도 적외선을 내보낸답니다.

불 위에 올려진 맥반석 역시 열을 받아 원적외선을 복사, 방출해요. 불에 오징어를 직접 구우면 쉽게 타지만, 달궈진 맥반석에 오징어를 구우면 맥반석의 열작용으로 은근하게 높은 열을 유지하기 때문에 타지 않고 고르게 잘 익습니다. 그러면 이제 오징어를 뒤집어 볼까요?

카멜레온에 버금가는 위장의 대가

맥반석 오징어는 보통 반건조 오징어예요. 바짝 말리지 않고 반쯤 말려 꾸덕꾸덕하게 수분이 남아 있지요. 오징어 구이만 해도 완전히 말린 오징어와 반만 건조한 오징어가 있듯이, 우리나라에는 다양한 오징어 요리가 있답니다. 싱싱한 오징어를 회로 먹거나 오징어 볶음, 오삼 불고기, 오징어 국, 오징어 초무침, 오징어 튀김, 오징어순대와 같은 음식을 만들어 먹기도 해요. 얼큰한 해물탕에도 오징어는 빠지지 않는 재료이지요. 마른오징어나 반건조 오징어로 만든 음식도 다양해요. 마른오징어 구이, 반건조 맥반석 오징어 구이, 버터 구이 오징어, 진미채 무침 등 여러 음식이 있지요? 오징어는 생선과는 다른 쫄깃한 식감과 독특한 단맛이 있어요. 단백질이 풍부하고, 타우린이 함유되어 있어 피로 회복에도 좋답니다. 하지만 콜레스테롤 함량이 높아서 고혈압이 있는 사람은 조심해야 해요.

오징어라는 이름은 오적어(烏賊魚)라는 말에서 비롯되었어요. 바다에 있는 오징어를 잡으려던 까마귀를 오징어가 다리로 감고 먹물을 쏘아 오히려 물로 끌고 갔다는 이야기에서 유래했지요. 오징어는 여덟 개의 긴 다리와 손 기능을 하는 두 개의 다리까지 모두 열 개의 다리를 가졌으니, 까마귀를 휘감아 잡기는 어렵지 않았을 거예요. 이처럼 척추가 없고 몸이 연하며 마디(체절)가 없는 연체동물 중 다리가 머리에 달린 동물은 두족류에 속해요. 갑오징어, 오징어, 문어, 낙지, 꼴뚜기, 앵무조개 등이 두족류랍니다. 화석으로만 볼 수 있는 암모나이트도 이런 두족류 중 하나예요.

두족류인 오징어는 머리, 다리, 몸통으로 구성돼요. 두터운 외투막으로 된 몸통 아래, 다리 위에 눈이 붙어 있는 곳이 머리이지요. 2.5cm 크기의 작은 오징어부터 몸길이가 15m가 넘는 대왕오징어에 이르기까지 450~500여 종의 오징어 중에 우리나라 바다에서 잡히는 오징어는 대략 여덟 종이라고 해요. 살오징어와 갑오징어가 주로 잡힌답니다. 꼴뚜기류인 한치도 많이 잡혀 식탁에 종종 올라오지요. 단체 급식이나 중국집의 짬뽕에는 커다란 수입 오징어로 요리하기도 해요.

우리가 식탁에서 만나는 오징어와는 달리 바닷속에서 헤엄치는 오징어는 껍질에 나 있는 크고 작은 점들이 다양한 빛깔을 내며 아름다운 자태를 뽐낸답니다. 화려한 빛깔을 변화시키며 포식자로부터 위장하고, 동료 오징어들에게 먹이가 있는 곳을 알리기도 해요. 특히 갑오징어는 위장술이 뛰어나지요.

오징어뿐 아니라 갑오징어, 문어와 같은 두족류는 이러한 몸 표면의 무늬와 빛깔로 위장과 의사소통을 한답니다. 오징어는 이와 같은 시각적인 정보를 위해 뇌 신경의 상당 부분을 써요. 게다가 일부 오징어, 문어와 같은 두족류의 뉴런은 약 5억 개 정도라는 것이 밝혀졌어요. 개의 뉴런이 5억 3,000개 정도라고 하니, 오징어는 우리가 생각하는 것보다 훨씬 똑똑할 수도 있다는 이야기예요. 뉴런 수가 많을수록 정보를 처리하는 능력이 뛰어나니까요.

그래서일까요? 애니메이션과 영화에 오징어나 문어와 닮은 외계인이 종종 등장한답니다. 애니메이션 〈아기공룡 둘리〉에 도 꼴뚜기 외계인이 등장하고, 영화 〈컨택트〉에는 낙지처럼 생긴 거대한 외계인이 등장해요. 이처럼 흔히 외계인을 두족류로 상상하는 건 인간과 다른 독특한 외모를 지녔기 때문이기도 하겠지만, 의사소통을 하는 동물이기 때문일 수도 있겠네요. 실제 문어가 사람과 교감을 하는 다큐멘터리가 화제가 된 적도 있었어요.

이렇듯 두족류에 관한 연구 결과가 속속들이 밝혀지면서 사

람들은 오징어나 문어를 잡거나 먹을 때 한 번 더 생각하게 되었답니다. 오징어나 문어도 바닷가재 같은 갑각류처럼 통증을 느낄 수 있을 거라는 점에서요. 바닷가재는 통증을 느끼기 때문에 일부 유럽 국가에서는 살아 있는 바닷가재를 바로 찌거나 익히는 것을 금지하고 있어요. 사람은 생존을 위해 육식을 하지만, 최소한 고통을 느낄 수 없게 조리하는 것은 먹히는 동물을 생명으로서 존중하는 태도니까요.

오징어가 바다에서 사라지고 있다고?

오징어가 많이 잡히는 동해에 가면 밤마다 수평선에 떠 있는 불빛들을 볼 수 있었어요. 불빛을 따라가는 주광성 동물인 오징어를 잡기 위한 어선의 불빛이었지요. 또 바닷가 마을에서는 해안을 따라 죽 늘어선 덕장에 손질한 오징어들이 빽빽이 널린 것을 볼 수 있었어요. 오랫동안 바짝 말리면 마른오징어, 꾸덕꾸덕 말리면 반건조 오징어가 되지요. 그런데 이제는 오징어 말리는 모습을 좀처럼 보기 어려워졌답니다.

마트에서 파는 오징어 가격도 점점 오르고 있어요. 어촌에서 거래되는 물오징어의 도매가격은 2024년 기준으로 10년간 세

배 가까이 올랐다고 하네요. 오징어 요리를 즐겨 먹는 우리나라에서는 큰 타격이 아닐 수 없지요. 해마다 오르는 오징어 가격 때문에 단체 급식을 하는 학교나 식당에서는 중국과 페루, 칠레 등에서 수입한 대왕오징어로 요리하는 경우가 많답니다.

오징어 가격이 오르는 것은 물론 오징어가 잘 잡히지 않기 때문이에요. 2020년 1,985t이던 강원도의 오징어 수확량은 2021년 1,749t, 2022년 1,076t으로 점점 줄어 2023년은 423t에 불과했어요. 동해에서 오징어를 잡기 어려운 것은 중국의 남획 때문이기도 하지만, 동해의 수온이 상승하면서 오징어가 북쪽으로 이동했기 때문이에요. 그런데 오징어가 잘 잡히지 않는 것은 우리나라의 일만은 아니에요. 미국 캘리포니아만에서도 훔볼트오징어가 더 이상 잡히지 않는다고 해요.

훔볼트오징어는 짬뽕에 들어가는 커다란 오징어예요. 보통 대왕오징어라 부르지만, 심해 대왕오징어의 한 종류로 몸길이가 자그마치 2m나 되어요. 훔볼트오징어가 잡히지 않는 것도 해수의 온도가 올라가면서, 훔볼트오징어가 살아남기 위해 몸의 크기를 줄였기 때문이에요. 기존에 생장하는 데 걸리는 시간의 절반 동안 생장하고, 먹이를 바꾸고, 수명도 절반으로 줄여서 아예 다른 종의 오징어로 보이도록 변화한 거예요. 그래서 과학자들은 오징어가 마치 모양을 마음대로 바꿀 수 있는 플라스틱 같다

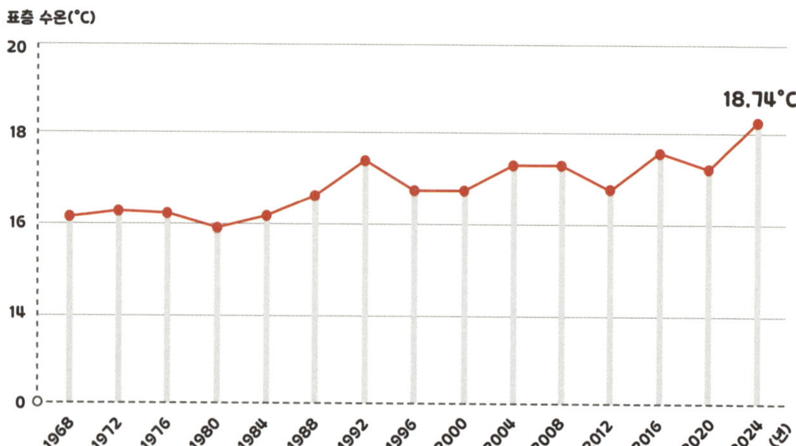

한국의 연평균 표층 수온

국립수산과학원에 따르면 2024년 한국의 연평균 표층 수온은 18.74℃를 기록했다.

고 말하기도 하지요.

해마다 상승하는 전 세계 바다의 수온은 2024년에도 최고 기록을 갱신했어요. 2024년 우리나라 표층 수온은 18.74℃로, 최근 57년간 관측된 수온 중 가장 높았어요. 57년 동안 약 2℃ 정도 오른 거예요. 또 극지방 해양의 연평균 해수면 온도는 20.87℃로 사상 최고치를 기록했다고 해요. 대부분의 해양에서 평균보다 높은 연평균 해수면 온도에 다다랐으며 북대서양, 서태평양, 인도양에서 기록적인 수치에 도달했습니다.

높아진 것은 해수 온도만이 아니에요. 기온도 해마다 최고 기

록을 갱신하고 있지요. 이처럼 기온과 해수의 온도가 높아진 것은 지구온난화 때문이에요. 지구온난화를 일으키는 이산화탄소, 메탄 같은 온실가스가 복사에너지를 지구 밖으로 내보내지 못하게 막고 있어요. 마치 유리로 만든 온실처럼요. 2023년 2분기 전 세계 평균기온은 산업화 이전보다 1.6℃ 올랐어요. 지구온난화를 막기 위한 UN파리기후변화협정에서 온도 상승의 상한선으로 잡은 1.5℃를 훌쩍 뛰어넘은 거예요. 지구온난화로 인해 지구촌 곳곳이 홍수, 폭염, 혹한, 산불과 같은 재난에 시달리고 있어요. 그리고 바다는 과거와 비교했을 때 펄펄 끓고 있다고 해도 과언이 아니에요. 이러한 기후변화로 지금은 오징어가 소고기만큼 비싼 식재료가 되었지만, 언젠가 명태처럼 바다에서 거의 자취를 감춘다 해도 전혀 이상한 일이 아니랍니다.

어족 자원을 보호하려면

생태, 동태, 황태, 북어, 노가리. 서로 다른 이 명칭들이 가리키는 생선은 바로 '명태'예요. 명태가 다양한 이름으로 불릴 수 있었던 것은 우리나라에서 많이 잡히는 어종이었기 때문이에요. 1970년에 동해에서 1만여 톤, 1980년대에는 무려 10만 톤이 넘게 잡혔거든요. 끓이고 얼리고 말리는 등 다양하게 먹던 명태가 서서히 자취를 감추기 시작했어요. 2000년대에 들어 1,000톤 정도 잡히다가 급기야 2019년에는 아예 어획이 금지되었어요. 이제 동해에서는 좀처럼 명태를 찾아보기 어려워요. 지구온난화로 해수 온도가 높아졌기 때문이랍니다. 안타깝게도 오징어 역시 명태와 같은 길을 가고 있어요.

다행히 어족 자원을 보호하기 위해 국가 차원에서 여러 노력을 하고 있어요. 꽃게 어획량이 줄면 산란기를 금어기로 지정해 바다에 새로운 꽃게가 태어날 시간을 준답니다. 또 '명태 살리기 프로젝트'로 인공종자를 생산해 키운 치어를 바다에 방류하거나 1cm 정도로 키운 어린 갑오징어를 서해 시흥 연안에 방류하기도 하지요.

해수 온도 상승으로 바뀐 바다 환경을 복원하는 방법도 있어요. 여러 바다에서 산호초가 하얗게 죽어 가고, 열대 해안의 맹그로브숲도 파괴되고 있잖아요. 많은 바다 생명의 터전이 되는 산호초와 맹그로브숲이 파괴되면 해양생태계가 무너진답니다. 이런 바다 생물의 생활 환경을 마련해 주는 것도 어족 자원 보호를 위한 중요한 일이에요. 거제에서는 바다에 물고기들이 살 수 있는 인공어초를 만들고 있어요. 폐선을 개조한 대형 어초나 콘크리트로 만든 어초를 넣는 방식으로 바다 생물들이 살아갈

흰미 휴게소

터전을 마련해 준답니다.

　바다 생명이 멸종되지 않도록 지키는 일은 해양생태계의 생물 다양성을 유지하는 데 중요해요. 생물 다양성은 수백만여 종의 동식물, 미생물과 그 유전자, 그리고 그들의 환경을 구성하는 다양한 생태계 등 지구에 살아 있는 모든 생명이 풍요롭게 존재하는 것을 뜻해요. 지구상의 모든 생명의 유전자 다양성, 종 다양성, 생태계 다양성을 말한답니다. 생물 다양성이 보존되면 인류는 다양한 생물로부터 여러 이익을 얻을 수 있겠지요. 하지만 그보다 중요한 건, 구성 생물 모두가 복잡하게 얽힌 상태여야 생태계가 건강하게 유지된다는 점이에요. 한 종이 멸종할 경우 생태계 전체가 무너질 수도 있지요.

　그러고 보니 지금까지 탄소가 많이 배출되는 고속도로 휴게소에서 오징어를 먹으며 지구온난화를 걱정하고 있었군요. 그래도 대중교통을 타고 온 건 잘한 일입니다. 맛있는 오징어를 계속 먹을 수 있도록 작은 실천부터 시작해야겠어요!

12 최고 기대식

쌈밥부터 당뇨식까지, 하늘 위의 만찬

지구에서 가장 높은 곳에 있는 식당은 비행기! 비행기 안에서도 기내식을 먹으니까요. 처음 기내식 서비스가 시작된 것은 1919년 10월, 영국의 민간 항공사에서였다고 해요. 영국 런던에서 프랑스 파리로 가는 비행기에서 첫 식사를 하게 되었죠. 어느덧 기내식의 역사도 100년을 훌쩍 넘었네요.

하늘을 나는 좁은 비행기 안에서 식사하는 일이 편하지는 않지만, 기내식을 특별한 식사로 여기는 사람도 많아요. 10km의 상공에서 즐기는 이색 체험이니까요. 그런데 기내식 자체가 특별하기도 해요. 비행기 안에서 승객들을 위해 미리 조리한 음식을 데워 내야 하고, 각종 영양성분도 부족함 없이 챙겨야 하거든요. 그리고 무엇보다 비행기가 경유하는 나라 혹은 항공사의 음식 문화를 알린다는 점에서 의미가 있어요. 우리나라 국적기를 타고 오는 외국인들은 기내식으로 한국의 음식을 가장 먼저 접할 테니까요. 오늘 점심은 비행기에서 먹겠습니다!

"치킨 드릴까요, 고기 드릴까요?"

비행기에서 기내식 카트를 밀며 다가오는 승무원이 주로 묻는 질문이에요. 외국 항공사의 비행기를 타도 마찬가지예요. 보통 치킨과 고기 혹은 고기와 생선 중 선택해야 하죠. 항공사에서 한 끼 식사로 준비한 두세 가지 기내식에서 어느 것을 먹을지 고르는 거예요. 어느 것이든 보통 건강을 위한 필수 5대 영양소인 단백질, 탄수화물, 지방, 무기질, 비타민을 고루 담은 메뉴로 준비돼요.

비행기를 타기 전에도 기내식을 선택할 수 있어요. 하지만 라면이나 비빔밥을 달라고 할 수는 없어요. 기내식을 사전에 선택할 수 있도록 한 것은 건강상의 이유로, 혹은 종교적인 이유로 일반 식사를 하지 못하는 사람들을 위해서거든요.

사전에 신청해야 하는 특별 기내식에는 유아·아동식, 야채식, 식사 조절식, 특별식, 종교식 등이 있어요. 24개월 미만의 유아가 먹을 이유식과 어린이가 먹을 식사뿐만 아니라, 다양한 단계의 채식 식단이 준비되어 있답니다.

식사 조절식으로는 콜레스테롤 함량이 적은 저지방식, 열량, 단백질, 지방, 당질의 섭취량을 조절한 당뇨식, 체중 조절을 목

최고 기내식

적으로 한 저열량식, 소화 기능이 약한 사람을 위한 저자극식, 글루텐 알레르기가 있는 사람을 위한 글루텐 제한식, 염분이 제한된 식사를 제공하는 저염식, 유당 없는 유제품을 사용한 유당 제한식과 같은 기내식이 있어요.

해산물식, 과일식, 알레르기 제한식과 같이 특별한 기준에 맞춘 식사는 물론, 돼지고기 없는 할랄 식품으로 준비된 이슬람교식, 소를 신성시하는 힌두교인을 위해 소고기와 송아지 요리를 제외한 힌두교식, 돼지고기를 넣지 않고 유대교 율법에 따라 조리된 유대교식 등의 종교식이 준비되어 있답니다.

저는 특별식이 아닌 일반식을 먹습니다만, 각양각색의 특별식 메뉴를 보면 다양한 연령대의 사람이 그에 맞는 식사를 하고, 건강에 따라 제한된 식사를 해야 하는 사람도 있고, 종교에 따라 아무 식사나 할 수 없다는 사실을 다시금 깨닫게 된답니다. 식사하는 행위가 좋아하는 음식을 골라 맛있게 먹고 소화해 힘을 내는 일만이 아니라, 건강을 비롯해 종교와 문화, 신념 등에 따르는 다양한 문화라는 것을 말이지요.

기내식은 엔진의 열로 조리할까?

처음 기내식 서비스가 시작되었을 때만 해도 기내식은 모두 찬 음식으로 구성되었어요. 따뜻한 음식이 제공된 것은 1963년 미국의 유나이티드항공에서부터였어요. 비행기에 주방과 오븐을 설치해 제공된 음식은 스크램블 에그와 프라이드치킨이지요. 그 이후 기내용 냉동식품이 개발돼 기내에서 음식을 데워 내면서 기내식 메뉴는 더욱 다양해졌어요. 1960년대부터는 샴페인, 트러플, 푸아그라 같은 귀한 재료로 기내식을 만들기 시작했어요. 물론 당시 항공료는 매우 비쌌기 때문에 소수를 위한 특별한 식사가 기내식이 될 수 있었지요. 점차 항공료가 내려가면서 오늘날과 같은 합리적인 가격의 기내식이 제공되기 시작했답니다.

제가 오늘 먹을 기내식은 제육 쌈밥이랍니다. 제육 쌈밥, 비빔밥, 매운맛 가지 볶음 중에 쌈밥을 선택했거든요. 매콤 달콤한 제육과 따끈한 흰 쌀밥, 각종 쌈 채소가 먹음직스럽게 나왔어요. 채소 위에 고기와 밥을 올리고 쌈장을 곁들여 잘 오므리면 맛있는 쌈이 완성되지요. 이 제육 쌈밥도 옆 자리 승객이 먹는 비빔밥도 모두 지상의 기내식 센터에서 만들어 가져온 요리예요.

기내식 센터에서는 샌드위치나 샐러드처럼 차가운 음식을 만드는 '콜드 키친', 열로 조리하는 '핫 키친', 빵을 만드는 '베이커

최고 기내식

리'로 나뉘어 음식을 만들어요. 음식을 용기에 담는 '디쉬 업'과 식판에 메뉴를 담는 '트레이 세팅'까지 지상에서 이루어진답니다.

기내식 조리 과정에서 가장 중요한 것은 바로 온도와 시간이에요. 실내 온도를 18℃ 이내로 유지하고, 음식 온도를 15℃로 유지해 45분 안에 음식을 담아야 하지요. 트레이 세팅까지 마친 기내식은 5℃ 이하의 냉장고에 보관한답니다. 이처럼 온도와 시간 규정을 지켜야 하는 이유는 몇 시간 뒤에 먹을 음식의 부패를 막기 위해서예요.

음식이 상하는 과정, 다시 말해 '부패'는 세균, 곰팡이 같은 미생물에 의해 일어나요. 음식(유기물)을 분해해 몸에 해로운 물질과 냄새를 만들어 내는 것을 부패라 한답니다. 같은 미생물의 작용이지만 발효는 미생물이 유기물을 분해한 뒤 몸에 좋은 성분을 만들어 낸다는 점에서 부패와 구별되지요. 부패한 음식을 먹으면 독성 물질에 의해 식중독에 걸리기 쉬워요. 그래서 미생물의 활동을 억제하기 위해 조리 후 빠른 시간 안에 냉각해 보관하는 거예요. 미생물을 아예 없애기 위해서는 끓여서 진공 상태로 밀봉해야 하지만, 몇 시간 뒤 먹을 기내식은 보통 냉장 보관해 미생물의 번식을 억제해요. 만약의 상황에 대비하기 위해서 비행기를 조종하는 기장과 부기장은 서로 다른 기내식을 시간차를 두고 먹는답니다. 이는 승객들의 안전을 위한 일이기도 하지요.

기내식을 만들자마자 급속 냉장하는 또 다른 이유는 맛을 보존하기 위해서예요. 식은 음식을 다시 데우면 처음과 같은 맛을 내기 어렵지만, 음식을 차갑게 보관하는 대신 짧은 시간 안에 급속 냉각한 후 해동하면 맛을 최대한 보존할 수 있답니다.

냉장 보관한 채 비행기에 실은 기내식은 기내용 오븐에 데워 승객들에게 제공돼요. 한때 기내식은 엔진에서 나는 열로 데워 낸다는 이야기가 있었지만, 실제로 비행기 엔진의 열은 사용하지 않아요. 적은 전력으로 작동하는 기내용 오븐으로 데운답니다.

비행기에서 먹으면 더 맛있을까?

익숙한 비빔밥이나 볶음밥이 나오더라도 비행기에서 먹는 기내식은 지상에서 먹던 것과는 다른 느낌이에요. 비행기에서 본 영화도, 비행기에서 듣는 음악도 평소와는 어쩐지 다르지요. 이처럼 비행기 안에서 하는 행동이 다르게 느껴지는 것은 비행기의 환경이 다르기 때문이에요. 지상에서 약 10km 높은 곳에서 떠 가니까요.

지구를 둘러싼 대기는 지면에서 약 1,000km의 높이까지 공기가 있는 곳을 말해요. 하지만 중력 때문에 전체 공기의 99%가

약 32km 높이 아래에 모여 있답니다. 대기권은 높이에 따른 온도 변화를 기준으로 대류권, 성층권, 중간권, 열권으로 나눌 수 있어요. 대류권은 대략 지상 11km 정도까지로, 공기가 밀집되어 있고 높이 올라갈수록 기온이 내려간답니다. 공기의 대류 현상이 일어나 구름과 비바람 등 기상 현상이 발생하는 곳이에요. 대류권에서부터 약 50km까지의 구간을 성층권이라 해요. 오존층이 자외선을 흡수해 올라갈수록 기온이 높아지기 때문에 대류 현상이 일어나지 않아 기상 현상도 관측되지 않지요. 그 위로 약 80km까지는 중간권으로, 올라갈수록 기온이 다시 낮아지지만 수증기가 거의 존재하지 않아 기상 현상이 일어나지 않는답니다. 그 밖은 전리층, 오로라, 유성이 나타나는 열권으로 올라갈수록 기온이 급격히 올라가요.

이론적으로 비행기는 기상 현상이 일어나는 대류권보다 성층권에서 더 빨리 날 수 있어요. 기상 현상의 방해를 받지 않고 공기의 저항이 거의 없기 때문이지요. 하지만 높이 올라가면 그만큼 연료가 더 필요하기 때문에 보통 비행기는 성층권 아래쪽이나 대류권 위쪽으로 운행한답니다. 그래서 비행기 안에서 창밖을 내다보면 비행기 아래로 구름바다가 펼쳐지는 거예요.

이처럼 높은 고도에서 나는 비행기 내부 환경은 지상의 식당과는 다릅니다. 먼저 항상 엔진 소음이 있어요. 비행 내내 낮은 기계음이 비행기 내부를 가득 채우지요. 소음이 가득한 환경에 있다 보니 입맛이 잘 돌지 않아요. 실제 기내 소음 환경에서 미각 실험을 한 연구 결과에 따르면, 소음이 있는 곳에서 식사한 사람들의 경우 단맛을 느끼는 미뢰의 작용이 더뎌진다는 사실이 밝혀졌어요. 반면에 감칠맛을 느끼는 미뢰는 더 활발히 작용했지요.

그리고 비행기 내부는 지상과 기압이 다르답니다. 비행기 바깥의 기온은 대략 영하 50~60℃로 매우 낮고, 기압은 지상의 10% 이하로 더 낮아진답니다. 비행기 안은 상온을 유지하고, 기압도 지상과 같은 1기압인 760mmHg로 맞추지만 비행기가 운항하기 시작하면 610mmHg이하로 낮아져요. 그래서 비행기가 높이 올라가면 기압 차에 의해 귀가 멍멍해진답니다. 이런 낮은 기압 상태에 오래 머물면 혈중 산소 포화도에 영향을 미쳐요. 기압이 낮아지면 혈액 속에 산소가 많이 녹아들지 못하기 때문에 마치 감기에 걸린 것처럼 일부 후각과 미각 수용체의 기능이 떨어져요. 짠맛과 단맛을 느끼는 미각 수용체의 기능이 약해지고 감귤류의 향도 제대로 느끼지 못하지요. 또한 건조한 공기도 후각을 감소시켜 음식 맛을 구별하는 데 영향을 준답니다. 이러한 이유로 기내식에는 익힌 감자, 당근, 아스파라거스, 브로콜리 같은 채소가 많아요. 익힌 채소는 비행기의 환경에서도 지상에서

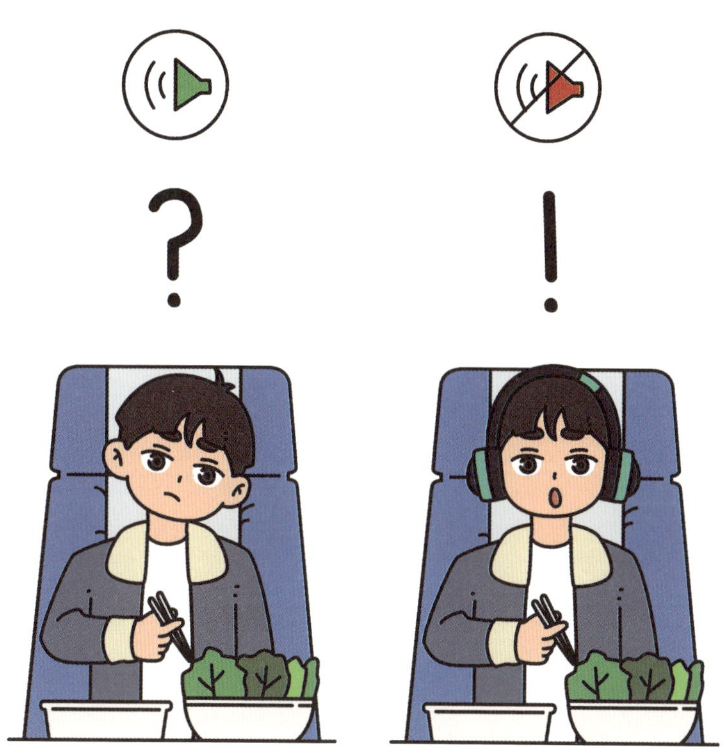

와 맛이 크게 다르지 않거든요.

　기내식의 맛을 최대한 느끼고 싶다면, 헤드폰의 노이즈 캔슬링 기능을 켜 보세요. 최대한 비행기의 백색소음을 줄인 다음 식사하는 것도 미각에 집중하는 데 도움이 돼요. 그리고 감칠맛이 나는 버섯, 토마토와 같은 음식을 먹는 것이 좋아요. 반면에 속이 더부룩한 느낌이 든다고 탄산음료를 마시는 것은 효과적이지 않아요. 기압이 낮기 때문에 탄산이 음료에 녹아 있지 못하기 때문이지요. 톡 쏘는 탄산음료의 목넘김을 느끼기 위해 평소보다 더 많은 양을 먹어야 해서 건강에 좋지 않답니다. 짠맛이나 단맛이 나는 음식도 마찬가지예요. 덜 짜고 덜 단 것 같아서 계속 먹다 보면 권장량 이상을 섭취하게 될 거예요.

그런데 기내식이 그 어떤 음식보다 맛있다고요? 물론 그럴 수도 있어요. 여행을 떠나거나 먼 곳으로 간다는 기대감이 크다면 즐겁지 않은 일이란 없을 테니까요.

가장 높은 곳에서의 식사

이제 더 높은 곳으로 가 볼까요? 지상에서 약 400km 상공으로 올라가면 국제우주정거장(ISS)이 있어요. 길이가 100m가 넘고 질량이 420t이나 된답니다. 정거장 바깥인 우주 공간은 기압이 0이지만, 우주인들이 생활하는 내부 공간에는 질소 78%, 산소 21%, 이산화탄소 1%로 지구 대기 조성과 비슷하게 구성해 대기압 101.3kPa(킬로파스칼)에 맞춰져 있답니다. 그리고 무엇보다 중력이 없지요.

기압이 낮고 중력이 없는 극한의 환경에서 먹는 식사는 당연

국제우주정거장(ISS)

히 지구의 식사와는 달라야 하겠지요. 최초의 우주 비행사 유리 가가린은 1961년 우주에 체류한 1시간 48분 동안 알루미늄 튜브에 든 소고기 페이스트와 초콜릿을 짜서 먹었다고 해요. 그 이후에도 한동안 가루나 한입 크기 식품을 우주식으로 먹었어요.

지금은 국제우주정거장에 캔이나 튜브를 가열할 수 있는 식탁과 온수기가 있어요. 기압이 낮아 물이 100℃까지 올라가지 않기 때문에 80℃ 정도의 물로 익힐 수 있는 음식이 제공되어야 한답니다. 국제우주정거장에 들어가는 우주식은 러시아연방우주청 산하 생의학연구소의 기준을 따라야 해요. 방사선 멸균 처리한 우주식임을 인증받아야 자국의 음식을 가져갈 수 있지요. 우주정거장에서 머무는 시간이 긴 데다가 우주정거장 내부는 요리할 수 있는 환경이 아니기에 장시간 보존할 수 있어 부패를 막는 것이 가장 큰 관건이랍니다. 그 방법이 바로 동결건조예요.

동결건조 식품은 낮은 온도에서 급속히 얼린 후 건조한 식품을 말해요. 미생물은 수분이 있는 상태에서 활동하기 때문에 건조하면 미생물의 활동을 억제할 수 있어요. 또한 무게가 줄어들어 우주선의 에너지를 아끼는 데도 도움이 된답니다. 이 과정에서 식품은 세포 구조를 그대로 유지해 식품의 질감과 영양분을 파괴하지 않아요. 먼저 급속 동결해 식품 내부의 수분을 얼음으로 만들어요. 그런 다음 진공 상태에서 압력을 낮춘 후 저온에서 서서히 가열해 얼음을 승화시킨답니다. 압력이 낮으면 낮은 온도에서도 승화가 일어나거든요. 액체인 물을 거치지 않고 얼음을 수증기로 바로 승화시키면 동결건조 식품이 된답니다. 동결건조하면 식품의 구조와 영양 성분을 보존하면서 식품의 수분을 제거할 수 있어요. 2008년 한국 최초의 우주 비행사 이소연은 김치와 라면을 동결건조해 우주식으로 가져갔답니다. 그 뒤로 비빔밥도 동결건조해 우주식으로 쓰일 수 있게 되었어요.

극한의 우주 환경에 맞도록 영양 성분을 조절하는 것도 중요한 일이랍니다. 기압이 낮고 무중력 상태인 우주 환경에서는 골

최고 기내식

다공증이 문제가 될 수 있거든요. 또 변비가 생기기 쉬운 환경이지요. 칼슘과 섬유소 섭취를 늘려 이런 문제를 예방한답니다. 대신 소금 함량은 줄여야 해요. 지구에서 소금을 섭취하면 나트륨과 염화이온으로 이온화되어 소변으로 배출되지만 무중력 상태에서는 체내에 축적되어 독성 물질이 되거든요.

문제는 기내에서보다 더 맛을 느끼기 어렵다는 점이에요. 그래서 향신료를 추가한 우주식을 먹는데, 이소연 박사가 가져간 라면은 자극적인 맛으로 우주인들에게 인기였다고 합니다. 아무리 우주에서는 맛을 충분히 느끼지 못하는 생존을 위한 식사를 해야 하더라도 우주정거장에서 지구를 바라보며 점심을 먹고 싶어요. '최고'의 맛집 아닐까요?

13 파삭 치킨

식기 전에 배달 완료!

저녁 9시, 출출한 시간이에요. 노릇하게 튀긴 프라이드치킨 냄새가 솔솔 풍겨 오는 듯한 시간 말이에요. 바삭한 치킨을 좋아하지 않는 한국 사람은 아마도 찾아보기 힘들 거예요.

닭을 기름에 튀겨 먹기 시작한 것은 중세 시대 지중해 지역에서부터예요. 오늘날과 같이 튀김옷이나 양념 가루를 입혀 기름에 튀긴 프라이드치킨은 미국 남부에서 시작되었지요. 우리나라에는 한국전쟁 이후 미군 부대에서 들여와 1961년 명동에 전기구이 통닭집이 생기고, 1977년 튀김옷을 입혀 튀긴 치킨 프랜차이즈가 등장했어요. 수십 년이 지난 지금은 지도 앱에 치킨만 검색해도 동네마다 수많은 치킨집이 검색된답니다. 1990년대 이후로는 치킨 배달이 시작되어 집에 앉아 편하게 배달시켜 먹는 대표적인 요리가 되었으니까요.

게다가 메뉴는 얼마나 다양해졌는지, 프라이드치킨, 양념치킨뿐 아니라 갖가지 소스에 버무려 다양한 토핑을 올린 치킨이 저를 유혹하네요. 사실 오늘 저녁밥을 거의 먹지 못했거든요. 음…, 일단 배달 주문을 할까요?

약 46억 년의 긴 지질시대에서 우리는 지금 마지막 빙하기가 끝나고 1만 년 넘게 신생대 4기 홀로세에 있어요. 하지만 인류가 산업화로 자연환경을 크게 바꿔 놓으면서 최근 몇백 년 동안 지구 환경은 급격히 변했어요. 지층에 흔적을 남길 만큼요. 그래서 학자들은 이 시기를 '인류세'라는 새로운 시대로 규정해야 한다고 해요. 인류세의 지층에는 인류도 흔적을 남기고 있답니다. 플라스틱과 닭의 뼈로 말이에요. 지층에 흔적을 남길 만큼 인류가 닭을 많이 먹고 있다는 이야기예요. 한국도 예외가 아니에요. 2024년 한 해 동안 우리나라 국민 1인당 약 26마리의 닭을 소비했다고 하니, 지층에 닭의 뼈가 남는다는 게 이상한 말은 아니지요.

삼계탕, 닭볶음탕, 닭갈비 등 닭고기로 만든 요리는 무척 다양해요. 그중에서도 중요한 스포츠 경기를 볼 때나 시험이 끝났을 때, 친구를 초대해 생일 파티를 할 때, 기분이 좋을 때나 울적할 때, 출출할 때나 친구를 만날 때 언제 먹어도 좋은 요리는 바로 프라이드치킨이에요.

프라이드치킨은 말 그대로 기름에 튀긴 닭을 말해요. 그냥 튀겨도 맛있지만, 더욱 맛있는 프라이드치킨을 만들기 위해 번거롭더라도 몇 가지 과정을 거친답니다. 먼저 잘 손질한 닭을 밑간

파삭 치킨

해요. 소금, 설탕, 아질산염과 같은 양념으로 닭을 밑간하는 과정을 '염지'라고 해요. 간이 고루 배고, 미생물을 억제할 뿐 아니라 단백질을 부드럽게 하지요. 다만 아질산염을 다량 섭취할 경우 암을 유발할 수 있어 조심해야 한답니다. 이런 밑간 작업이 끝난 닭고기는 전분 가루를 묻힌 뒤 튀김옷을 입히고, 다시 튀김 가루를 묻혀 뜨거운 기름에 노릇노릇해질 때까지 튀겨요. 그런 다음 양념으로 버무리면 양념치킨 완성!

이런 튀김 요리의 비밀은 바로 바삭한 튀김옷에 있어요. 뜨거운 기름에 넣으면 튀김옷의 수분이 바로 기화하는데, 이때 수많은 기공이 남아 튀김옷이 바삭해져요. 반면에 튀김옷 속에 있는 고기는 기름에 직접 닿지 않고 튀김옷에 남은 증기와 열로 익기 때문에 촉촉해진답니다. 그야말로 겉은 바삭하고 속은 촉촉한 '겉바속촉'이 완성되어 바사삭 맛있는 프라이드치킨을 먹을 수 있지요.

그런데 친구들과 치킨을 먹을 때마다 솟아나는 난제가 있어요. 바로 닭 다리를 누가 먹을지에 관한 것이에요. 쫄깃해서 맛있는 닭 다리는 두 개뿐이라 종종 치열한 눈치 싸움이 펼쳐지요. 그러고 보니 혹시 두 다리를 가진 닭이 걷는 모습에서 어떤 동물이 연상되지 않나요? 힌트를 드릴게요. 만약 닭이 크고 긴 꼬리를 가졌다면, 어떻게 걸었을까 상상해 보세요. 걷는 모습이

마치 공룡 같지 않나요? 티라노사우르스 같은 공룡이요. 실제로 칠레의 한 대학 연구팀에서 닭의 걸음걸이를 두고 실험을 했습니다. 연구팀에서 닭의 꽁무니에 긴 꼬리를 달아 걷게 하고 그 걸음걸이를 분석했어요. 그랬더니 두 다리로 성큼성큼 걷던 수각류 공룡 같은 모습이었다고 해요. 이 실험으로 연구팀은 엉뚱한 연구를 한 과학자에게 주는 이그노벨상을 탔어요. 엉뚱하긴 하지만 닭과 같은 조류의 조상이 정말 공룡이 맞다는 것을 눈으로 확인하게 해 준 기발한 연구였답니다.

그래도 조류의 조상이 공룡이라고 단정짓기에는 충분하지 않은 것 같다고요? 깃털을 가진 공룡의 화석이 발견되었다는 사실이 이 주장을 뒷받침해 주고 있어요. 중생대 지구를 누비던 공룡이 멸종했다는 건 알고 있지요? 소행성 충돌로 인한 지구 환경 변화가 가장 유력한 원인이지요. 하지만 소행성이 지구와 충돌하기 전부터 벨로키랍토르와 같은 일부 공룡은 이미 깃털을 가지고 있었어요. 그 중에는 네 개의 날개를 가진 미크로랍토르처럼 날 수 있는 공룡도 있었어요. 미크로랍토르의 경우 직접적인 조류의 조상은 아니었지만요. 공룡은 오늘날 새처럼 비대칭의 깃털, 가벼운 골격, 발달된 심장을 갖고 날 수 있었어요. 또 위에 모래주머니가 있어 음식을 잘게 부수어 소화하기에도 좋았답니다.

파삭 치킨

미크로랍토르 화석
약 1억 2,000만 년 전에 살았던 미크로랍토르는 좌우 앞다리에 첫째 날개깃을,
뒷다리에 둘째 날개깃을 가지고 있던 것으로 추정된다.

깃털을 가진 티라노사우르스는 도무지 상상하기 어렵다고요? 맞아요, 쉽지 않지요. 하지만 공룡의 유전자가 폭발적인 변이를 일으키며 조류가 된 사실은 부정할 수 없어요. 그러니까 제가 맛있게 먹는 이 프라이드치킨이 실은 공룡과 가깝다는 사실! 그렇다면 눈을 감고 프라이드 공룡을 상상해 볼게요. 바사삭!

맛있는 치킨을 주문하면 몇십 분 이내에 따끈따끈한 치킨이 집으로 배달돼요. 저녁때 식기 전에 따뜻한 음식을 배달하기 위해 많은 오토바이가 도로 위를 달리는 걸 볼 수 있어요. 우리나라 음식 배달원의 수만 해도 2024년 기준 대략 40만 7,000명이나 된다고 하니, 얼마나 많은 사람이 음식을 배달해 먹는지 알 수 있지요.

오토바이는 차가 막히는 도로에서도 주행할 수 있고, 좁은 골목도 달릴 수 있어서 음식을 배달하기에 알맞아요. 하지만 두 바퀴로 달리기 때문에 균형을 잡기 어렵고, 그만큼 항상 사고의 위험이 있답니다. 그래서 불편하더라도 커다란 헬멧을 꼭 써야 해요. 사고시 운전자의 머리가 지면이나 차량과 충돌해 큰 충격을 받기 때문이에요. 도로교통법 제50조 3항에 따르면 헬멧을 미착용한 오토바이 운전자와 동승자는 범칙금의 처분을 받습니다.

헬멧은 머리와 목 부분을 외부의 충격으로부터 보호하기 위한 장비예요. 중세 유럽에서 머리를 보호하기 위해 쓰던 투구(Helm)에서 유래됐어요. 헬멧은 여러 겹의 구조로 되어 있는데 크게 외피, 내부 충격 흡수층, 조임 장치로 구분할 수 있어요. 외피는 고강도 플라스틱이나 섬유 강화 복합 재료를 사용해 만드

내부 충격 흡수층
외피
안면 보호구
기타 방어 부품
조임 장치

는 데 가볍기도 해야 하지만 탄성도 필요해요. 헬멧의 가장 중요한 기능은 충격 흡수이니까요.

물체가 받는 충격의 정도를 나타내는 물리량을 충격량이라고 해요. 충격량의 크기는 운동량의 변화로, 물체에 작용한 힘과 힘이 작용한 시간의 곱으로 나타낼 수 있어요. 그러니까 어떤 물체가 충돌할 때 충돌하는 시간이 길어질수록 물체가 받는 힘이 작아진답니다. 예컨대 식탁에 있는 컵이 맨바닥에 떨어지면 산산조각이 나지만, 쿠션이 깔린 바닥에 떨어지면 깨지지 않는 것과도 같지요. 딱딱한 바닥으로 떨어지면 부딪치는 시간이 짧지만, 쿠션에 떨어지면 부딪치는 시간이 길어지기 때문이에요. 그래서 충격으로 인한 힘을 적게 받기 위해서는 푹신푹신한 쿠션처럼 탄성이 있는 물체를 사용해 부딪치는 시간이 길어지도록 하면 된답니다.

야구에서 포수가 공을 받을 때 두꺼운 야구 글러브를 끼고도 손을 뒤쪽으로 빼면서 공을 받는 이유도 이런 충격을 줄이기 위해서예요. 자동차의 에어백도 공기가 담긴 커다란 쿠션이 터져나와 충돌 시간을 늘려 충격을 줄여요. 헬멧도 내부에 탄성 있는 소재를 넣어 사람이 받는 충격을 줄어들게 한답니다. 이런 원리로 제작된 헬멧은 실제로 사고로 인한 피해를 줄여 줘요. 헬멧뿐 아니라 관절을 보호해 주는 무릎 보호대나 손목 보호대, 장갑 또

파삭 치킨

한 충격을 줄여 주는 중요한 안전 장비지요.

마침 헬멧과 안전 장비를 착용한 배달 기사님이 도착했어요. 지금 나갑니다!

치킨 상자에 웬 구멍이?

갓 도착한 치킨 상자의 구멍 사이로 김이 모락모락 나는 것을 볼 수 있어요. 군침을 돌게 하는 고소한 튀김 냄새와 함께 말이지요. 그래서 치킨을 든 배달 기사님과 엘리베이터를 타면 공간을 가득 채운 치킨 냄새 때문에 절로 입안에 침이 고여요. 하지만 치킨 상자에 구멍을 뚫은 이유는 이렇게 냄새를 폴폴 풍기기 위해서가 아니랍니다. 배달해서도 바삭한 치킨을 먹을 수 있도록 하는 포장의 과학이 담겨 있어요.

앞서 치킨이 '겉바속촉'할 수 있는 이유는 튀김옷의 수분이 높은 온도에서 기화하며 수많은 기공이 만들어지고, 내부 수분은 밖으로 빠져나오지 못하기 때문이라고 했어요. 하지만 시간이 지날수록 뜨거운 튀김의 열기가 치킨 내부의 수분을 기화시키고, 기화된 수분은 공기 중에 머물러요. 온도가 높으면 포화수증기량이 많아 수분이 공기 중에 머물 수 있지만, 외부의 찬 공기에 의해 온도가 내려가면 수분은 더 이상 공기 중에 머물지 못하고 치킨 표면에 응결돼요. 그러면 바삭한 치킨이 눅눅해질 수밖에 없지요. 이때 포화수증기량은 공기 $1m^3$당 포함될 수 있는 수증기의 최대량이랍니다. 온도가 낮아지면 공기 중의 포화수증기량이 줄어 물로 응결되는 거예요.

그래서 뜨거운 치킨을 담을 때는 치킨의 열로 인해 기화된 수증기가 치킨 주변에 머물지 못하도록 해야 해요. 치킨 상자에 난 구멍이 그 역할을 해요. 공기의 대류 현상을 이용해서요. 뜨거운 공기는 밀도가 낮아서 위로 상승하고, 차가운 공기는 밀도가 높아서 아래로 내려가기 때문에 공기가 순환하게 되는 대류 현상 말이에요.

가장 이상적인 방법은 치킨 상자의 옆면과 윗면에 구멍을 뚫는 거예요. 윗면에 뚫린 구멍으로 뜨거워진 공기가 빠져나가고, 그에 따른 압력 차이로 인해 옆면에 뚫린 구멍으로 외부의 차가운 공기가 상자 안에 유입되는 것이지요. 그러면 수분을 많이 포함한 뜨거운 공기가 밖으로 나가면서 수분이 줄어들어 바삭한 치킨을 먹을 수 있어요. 하지만 차가운 공기가 유입되면 치킨이 너무 금방 식기 때문에 많은 치킨 회사에서는 치킨 배달 상자에 위쪽으로만 구멍을 뚫기도 한답니다.

치킨 상자를 골판지로 만드는 경우도 있어요. 골판지는 두 종

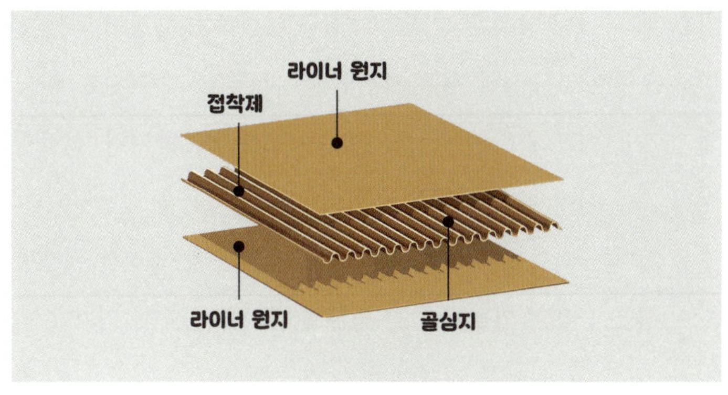

골판지의 구조

치킨 상자의 포장재로 사용되는 골판지는 내부에 공기층이 있어
일반 종이에 비해 보온 효과가 높다.

이 사이에 부채모양으로 접어 넣은 종이를 말해요. 치킨 상자에
서는 밖으로 열이 빠져나가는 것을 막아 보온을 유지하기 위해
서 쓰여요. 종이 자체가 열전도율이 낮지만, 골판지 사이의 공기
층이 단열재 역할을 하며 열의 이동을 막거든요. 일반 종이 상자
보다 보온이 잘돼요. 또 골판지 덕분에 종이 사이에 공기층이 생
겨 충격을 흡수할 수 있어요. 같은 두께의 종이를 쓰는 것보다
가볍고 강해서 이동에도 용이하지요.

이렇게 골판지가 강한 이유는 골판지가 위아래 종이와 만나
삼각형 혹은 반원을 이루기 때문이에요. 강한 힘을 버티려면 받
은 힘을 분산시켜 주는 것이 중요해요. 삼각형은 꼭짓점에 힘을

가할 때 나머지 양쪽 꼭짓점으로 힘을 분산하는 특징이 있어요. 다른 도형으로 구성할 경우보다 힘의 분산 효과가 크지요. 이러한 특징을 이용해 반원 모양의 아치 구조를 설계하거나, 삼각형 여러 개를 이어 붙인 트러스 구조로 건축 구조물을 만든답니다. 강을 지나는 다리를 지을 때 흔히 쓰는 방법인데, 파리의 에펠탑도 트러스 구조로 만들었어요. 물론 골판지를 이용해 의자나 탁자처럼 무거운 무게를 견뎌야 하는 가구를 만드는 것도 같은 원리랍니다.

야식, 먹어도 될까?

오늘처럼 저녁을 잘 먹지 못한 날도 그렇지만, 주말이 시작되는 금요일 저녁에는 어쩐지 야식 생각이 나요. 다음 날 일찍 일어나지 않아도 된다는 편안함과 주중에 수고한 나에게 주는 보상으로 말이지요. 사실 주말이 아니더라도 잠자리에 드는 시간이 늦어지면서 야식을 찾는 사람이 늘고 있어요. 스트레스를 해소하는 방법으로 야식을 찾기도 하지요. 유튜브로 '먹방'을 보기라도 한다면 먹고 싶은 음식이 머릿속에 하나씩 떠오르지요. 더군다나 배달 애플리케이션으로 간편하게 음식을 주문할 수 있게 되

면서 야식 메뉴도 다양해졌고, 야식의 유혹에 넘어가기도 쉬워졌어요.

하지만 야식을 자주 먹는다면 '야식증후군'이 아닌지 의심해봐야 해요. 야식증후군은 저녁 식사 이후에 하루 섭취 열량의 25% 이상이 되도록 음식을 먹는 일이 반복되는 상태를 말해요. 미국정신의학회에서는 야식증후군을 섭식 장애로 다룬답니다.

모두가 알고 있듯이 야식은 건강에 좋지 않아요. 우리 몸은 해가 떠 있는 낮에 활동하고 밤에 휴식을 취하도록 작동해요. 낮에는 교감신경이 활동하고, 밤에는 부교감신경이 활발하게 작용하는 자율신경계를 갖고 있지요. 밤에는 에너지를 잘 소비하지 않는 데다가 야식 메뉴가 자극적인 고열량 음식임을 생각하면 비만을 유발하기 쉬워요. 소화가 잘되지 않아 소화불량과 위장 장애가 일어나기도 쉬워요. 배가 고파 잠이 오지 않는다고는 하지만 오히려 잦은 야식이 멜라토닌 분비를 줄여 숙면을 방해하고, 식욕 억제 호르몬에도 문제를 일으킨답니다. 우울감도 많은 야식증후군 환자가 느끼는 증상 중 하나이지요.

전문가들은 야식증후군을 막기 위해 아침을 챙겨 먹을 것을 권해요. 그리고 낮 동안 햇볕을 많이 받으라고 하지요. 멜라토닌 분비가 낮에 햇볕을 쬐는 것과 관련이 있기 때문이에요. 건강한 식단으로 건강하게 먹는 것은 중요한 일이에요. 야식을 줄이는 일이 건강을 위해 들일 수 있는 가장 좋은 습관이기도 해요.

하지만 야식을 꼭 먹고 싶은 날도 있을 거예요. 정 참기 어렵다면 건강에 해가 되지 않는 음식을 찾아야겠지요. 우유, 바나나, 아몬드같이 열량은 낮고 위에 부담이 되지 않는 음식을 조금만 먹는 거예요. 저도 야식으로 치킨을 먹은 것을 살짝 후회하고 있답니다. 저부터 야식을 먹지 않도록 노력할게요. 오늘 치킨까지만 먹고요!

파삭 치킨

이미지 출처

110쪽 ㈜코카콜라, ㈜롯데칠성음료, ㈜팔도

185쪽 NASA(©Roscosmos)

193쪽 Kiat Y., et al., "Sequential Moult in a Feathered Dinosaur: Implications for Early Paravian Locomotion and Ecology", Current Biology 18: 30, 2020.

- 크레디트 표시가 없는 이미지는 셔터스톡 제공 사진입니다.
- 이 책에 쓰인 이미지 중 저작권자를 찾지 못하여 게재 동의를 얻지 못했거나 저작권 처리과정 중 누락된 이미지에 대해서는 확인되는 대로 통상의 절차를 밟겠습니다.

군침이 꼴깍 맛집 과학

1판 1쇄 **발행일** 2025년 4월 21일
1판 2쇄 **발행일** 2025년 10월 27일

지은이 정윤선

발행인 김학원
발행처 (주)휴머니스트출판그룹
출판등록 제313-2007-000007호(2007년 1월 5일)
주소 (03991) 서울시 마포구 동교로23길 76(연남동)
전화 02-335-4422 **팩스** 02-334-3427
저자·독자 서비스 humanist@humanistbooks.com
홈페이지 www.humanistbooks.com
유튜브 youtube.com/user/humanistma
인스타그램 @gomgom_teens

편집주간 황서현 **편집** 윤소빈 이영란 **디자인** 유주현 **일러스트** 유아오
조판 아틀리에 **용지** 화인페이퍼 **인쇄·제본** 정민문화사

ⓒ 정윤선, 2025

ISBN 979-11-7087-320-4 43400